生物化学实验指导

SHENGWU HUAXUE SHIYAN ZHIDAO

周楠迪 史 锋 田亚平 编

U0275182

高等教育出版社·北京

HIGHER EDUCATION PRESS BEIJING

内容提要

　　本书定位于工科类专业生物化学实验课程本科教材,其内容基本涵盖以生物工程、食品工程等专业为代表的工科类高等学校本科生生物化学实验课程教学大纲。全书按实验性质和内容分为六大篇:生物分子的定性定量测定方法,生物大分子的性质研究,酶促反应动力学和酶活力测定,生物分子的分离技术,物质代谢过程研究,综合性、设计性和研究型实验。每篇分别按先理论后实验的顺序进行编排,理论部分简要概括了与生物化学实验教学大纲密切相关的原理和技术基础;实验部分总共提供了42个实验,包含静态生化、物质代谢、生物分子的分离分析、综合性大型实验等各种类型。本书实验方法叙述详细,可操作性强,可为相关专业学生提供全面的生物化学实验理论和具体实验操作的指导。

图书在版编目(CIP)数据

生物化学实验指导/周楠迪,史锋,田亚平编.--北京:高等教育出版社,2011.2(2015.5 重印)
ISBN 978-7-04-031652-0

Ⅰ.①生… Ⅱ.①周… ②史… ③田… Ⅲ.①生物化学-实验-高等学校-教材 Ⅳ.①Q5-33

中国版本图书馆 CIP 数据核字(2011)第 006656 号

策划编辑　王　莉　　责任编辑　王　莉　　封面设计　张　楠　　责任印制　赵义民

出版发行	高等教育出版社	咨询电话	400-810-0598
社　　址	北京市西城区德外大街 4 号	网　址	http://www.hep.edu.cn
邮政编码	100120		http://www.hep.com.cn
印　　刷	北京泽明印刷有限责任公司	网上订购	http://www.landraco.com
开　　本	787mm×1092mm　1/16		http://www.landraco.com.cn
印　　张	9.75	版　次	2011 年 2 月第 1 版
字　　数	240 千字	印　次	2015 年 5 月第 3 次印刷
购书热线	010-58581118	定　价	18.00 元

本书如有缺页、倒页、脱页等质量问题,请到所购图书销售部门联系调换
版权所有　侵权必究
物 料 号　31652-00

前　言

　　生物化学理论和实验技术是包括生物、食品、医药在内的众多学科领域的重要基础。其中的生物化学实验是一门实践性很强的课程，一方面，它与生物化学理论课程紧密联系，通过实验可以加深对生物化学基本理论知识的理解，学习掌握生命科学及其相关领域常规研究的一些基本方法和技术；另一方面，其教学体系不如生物化学理论课那样已形成固定架构，而且不同学科对生物化学实验技术培养的侧重点也各不相同。目前在教材方面，国外同类书籍并不多见，而国内与生物化学实验有关的书籍目前已有数十种，但是绝大多数是适用于理科生物科学和生物技术专业，或师范、医学专业，适用于生物工程、食品工程等工科专业的寥寥可数。

　　编写本教材的目的是致力于提供一本定位于高等学校生物工程及其他工科类专业本科生物化学实验课程的教材。首先，在选材方面，编者尽可能做到学科特色鲜明，突出工科类专业生物化学实验的特点和偏向性，实验总数不求多，但基本涵盖相关专业教学大纲的全部内容，并且相对易于开展，可操作性强，即使是综合性的实验也可以分阶段进行，适合于单元教学的要求；其次，在教材的结构和内容编排方面，按实验的性质和涉及内容分为六大篇，每篇内部的实验在分析对象、操作方法、定性定量手段等方面具有一些共同特征和内在规律性，每一篇按照先理论后实验的顺序进行组织，理论部分的内容精炼，且与实验直接相关，是进行有关实验的知识基础，从而保证实验者能以自学方式掌握必需的知识背景并顺利的开展实验；再次，本教材在基本单元实验的基础上引入综合性、设计性和研究型实验，实验内容紧扣工科类专业特色，部分实验方法和步骤需要实验者自己进行一定的设计和优化，从而在掌握生物化学实验大纲内容的基础上培养实验者进一步开展相关研究的能力。

　　本教材由江南大学生物工程学院周楠迪和史锋负责编写，田亚平负责统编审阅全稿。江南大学食品学院王淼、医药学院邬敏辰等老师在提供素材等方面给予了大力支持。

　　本教材在编写过程中，参考了同行专家已出版的生物化学实验技术书籍，在此对相关作者表示衷心感谢。

　　最后要感谢高等教育出版社的大力支持，使此书得以顺利出版。鉴于编者水平有限，书中一定还存在不足与缺陷，真诚希望能得到广大读者的赐教。

编　者

2010 年 11 月于江南大学

目　　录

实验课要求及实验室安全规则

生物化学实验是生物化学课程中的一个重要组成部分,通过实验不仅可以加深对课程内容的理解,学习有关生物化学的基本方法和技术,还可以培养实验者的操作能力及进一步开展相关研究所需的能力。

为保证实验能够顺利进行,实验者应遵守以下规则:

1. 预习

为了提高独立分析和解决问题的能力,实验前必须认真预习,熟悉实验的目的、原理和操作步骤及其意义,了解所用仪器的使用方法。

2. 实验操作

按实验步骤认真开展实验,使用仪器时必须按规定仔细操作,防止损坏仪器,在实验记录本或实验报告纸上及时记录实验结果和数据,且文字简练准确。

3. 实验报告

课后根据实验记录写出详细的实验报告,报告的内容应包括:① 实验目的,② 实验原理,③ 实验试剂和器材,④ 实验步骤和操作要点,⑤ 实验结果分析与讨论,⑥ 思考题;实验报告书写过程中严禁任意篡改数据,应针对实验现象和数据作必要的计算、讨论及误差分析,并给出相应的结论。

4. 实验室整洁

环境和仪器的整洁是做好实验的基本条件,实验台和试剂架必须保持整洁,公用试剂用完后立即盖好放回原处,勿使药品试剂洒在实验台或地上,废弃液体应倒入水槽内并放水冲走,有毒液体应当收集在特定的废液缸内,固体废物应倒入废品篓内,实验完毕及时清理仪器,洗净玻璃器皿;在冰箱内放置物品、试剂等必须注明试剂名称、存放人姓名和存放时间。

5. 实验室安全

凡产生烟雾、有毒气体的实验,均应在通风橱内进行,反应时橱门应紧闭,实验室内严禁吸烟,乙醇、丙酮和乙醚等易燃液体勿直接加热,切不可接近明火,遇有火险,先切断电源,再用沙土和灭火器灭火。

第一篇
生物分子的定性定量测定方法

1 滴定分析法

1.1 酸碱滴定法的原理和操作

酸碱滴定法是以溶液中的酸碱度,即 pH 的变化为基础的一种滴定分析方法。以强酸(如 0.1 mol/L HCl 溶液)和强碱(如 0.1 mol/L NaOH 溶液)相互滴定的反应为例,滴定曲线如图 1.1。滴定终点即化学计量点为 pH 7.0。在滴定终点附近 pH 有一个突变过程,这就是滴定突跃,这个突跃范围很宽,为 pH 4.3～9.7。因此可以选择酸性指示剂(甲基橙、甲基红和溴甲酚绿等)或碱性指示剂(酚酞和百里酚酞等)来指示滴定终点(表 1.1)。

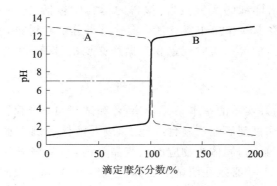

图 1.1 0.1 mol/L HCl 溶液与 0.1 mol/L NaOH 溶液之间的滴定曲线

A. HCl 滴定 NaOH;B. NaOH 滴定 HCl

表 1.1 常用酸碱指示剂及其变色范围

指示剂类型	指示剂名称	变色 pH	酸色	碱色
酸性指示剂	甲基黄	2.8～4.0	红色	黄色
	溴酚蓝	3.0～4.6	黄色	蓝紫色
	甲基橙	3.1～4.4	红色	黄色
	溴甲酚绿	4.0～5.4	黄色	蓝色
	甲基红	4.8～6.2	红色	黄色

指示剂类型	指示剂名称	变色 pH	酸色	碱色
酸性指示剂	溴甲酚紫	5.2～6.8	黄色	紫色
	甲烯蓝-甲基红混合指示剂	5.2～5.6	紫红色	绿色
中性指示剂	溴百里酚蓝	6.0～7.6	黄色	蓝色
	中性红	6.8～8.0	红色	黄橙色
	酚红	6.8～8.0	黄色	红色
碱性指示剂	酚酞	8.0～9.0	无色	紫红色
	百里酚酞	9.4～10.6	无色	蓝色

强酸与弱碱相互滴定时,滴定终点在酸性区,突跃范围较窄,ΔpH 约为 2 个单位,应选用酸性指示剂来指示滴定终点;强碱与弱酸相互滴定时,滴定终点在碱性区,突跃范围也较窄,ΔpH 约为 2 个单位,应选用碱性指示剂来指示滴定终点。

一些生物分子具有广义酸或广义碱的性质,如氨基酸、核苷酸等,如果有合适的指示剂指示滴定终点,则可以直接用酸碱滴定法定量测定。但是生物分子通常都是弱酸或弱碱,甚至多元酸碱,且往往具有两性解离性质,因此难以找到合适的指示剂,并需要确定滴定起点和滴定方向。例如,中性氨基酸溶于水时,滴定起点约为 pH 6.0,对其—NH$_3^+$ 进行碱滴定,滴定终点为 pH 12～13,对其—COO$^-$ 进行酸滴定,滴定终点为 pH 1～2,没有合适的指示剂可用,因此可通过氨基酸的甲醛滴定,降低—NH$_3^+$ 碱滴定的终点至 pH 9 附近,从而用酚酞指示剂判定滴定终点。如果某个特定的生物分子在它的特征性生化反应中涉及酸碱变化,也可以间接地用酸碱滴定法进行定性定量测定。例如,在微量凯氏定氮法中,蛋白质的氮转变成硫酸铵后,与 NaOH 作用释放出的 NH$_3$ 可以吸收在有甲烯蓝-甲基红混合指示剂的硼酸溶液中,再经标准无机酸滴定,即可定量测定 NH$_3$,计算出氮的含量(见实验四)。

酸碱滴定的操作采用专用的酸式或碱式滴定管。为了使指示剂的变色不发生异常而导致误差,指示剂的用量不可过多,温度不宜过高,强酸或强碱的浓度不宜过大,滴定速度应以每秒钟 3～4 滴为宜。

1.2 氧化还原滴定法的原理和操作

氧化还原滴定法是以溶液中氧化剂和还原剂间的电子转移为基础的一种滴定分析方法。它以氧化剂或还原剂为滴定剂,直接滴定一些具有还原性或氧化性的物质;或间接滴定本身并没有氧化还原性,但能与某些氧化剂或还原剂起反应的物质。滴定终点通常借助指示剂来判断。

氧化还原指示剂主要有 3 类:① 自身指示剂以滴定剂或被滴定物质本身作为指示剂,其自身有颜色而反应后褪色,如高锰酸钾为紫色,还原后褪色;碘为棕褐色,还原后褪色。② 专用指示剂是指能和氧化剂或还原剂生成特殊色泽,明显提高观测灵敏度的物质,如碘量法滴定中的可溶性淀粉能与碘形成深蓝色,当碘被还原成碘离子时,深蓝色消失。③ 氧化还原指示剂则是指示剂本身具有氧化还原性质,能因氧化还原作用发生颜色变化,如二苯胺磺酸钠在酸性溶液中以无色的二苯胺磺酸形式存在,在被标准滴定溶液氧化时,生成紫色的二苯联苯胺磺酸紫。

碘量法是一种重要的氧化还原滴定法,以碘(I_2)作氧化剂,或以碘离子(I^-)作还原剂,进行氧化还原滴定。直接碘法以 I_2 为标准溶液,直接滴定还原性物质,基本反应是 $I_2+2e^-\rightarrow 2I^-$。间接碘法则是 I^- 被氧化剂氧化,定量反应析出的 I_2 用 $Na_2S_2O_3$ 标准溶液滴定;或加过量 I_2 液于被测物中,待 I_2 被还原剂还原成 I^- 后,用 $Na_2S_2O_3$ 标准溶液回滴剩余的 I_2,基本反应是 $I_2+2S_2O_3^{2-}\rightarrow S_4O_6^{2-}+2I^-$。碘量法一般在中性或弱酸性溶液中进行,在强酸中 I^- 易被空气中的 O_2 所氧化;而在较强碱中 I_2 会发生歧化反应,$Na_2S_2O_3$ 也存在副反应。碘量法一般用淀粉作指示剂,在间接碘法中,应在临近终点时加入淀粉,以防 I_2 被淀粉表面吸附过牢,不易与 $Na_2S_2O_3$ 迅速作用,使终点推迟。间接碘法也可以用碘作自身指示剂,通过滴定时碘颜色的消失判定终点。在用碘量法测定糖化酶酶活时,就是采用间接碘法,以碘作指示剂,通过碘的还原来测定还原糖含量(见实验十九)。碘量法的主要误差来源是 I_2 的挥发及 I^- 被空气中的氧所氧化。

氧化还原滴定在操作时根据滴定剂的性质采用酸式或碱式滴定管,其操作类似于酸碱滴定的操作,滴定速度也以每秒钟 3～4 滴为宜。

2 紫外-可见分光光度法

紫外-可见分光光度法是利用物质特有的紫外-可见吸收光谱进行定性、定量和结构分析的一项技术。该方法操作简便快速,灵敏度和精确度都很高且重复性好。许多生物分子都具有紫外光或可见光吸收特性,有些生物分子虽然本身没有吸收,但经过特定的显色反应后,可以转变成有吸收特性的物质。例如,实验一测定还原糖含量时,利用还原糖与 3,5 -二硝基水杨酸(DNS)试剂反应生成棕红色的氨基化合物。而一些具有紫外光或可见光吸收特性的生物分子,如蛋白质、核酸等,当样品不纯时,往往会受到其他光吸收物质的干扰,为了排除杂质的干扰,提高测定的准确性,有时会利用特异性显色反应,将其转变成具有特征光吸收的物质后再测定。由于生物分子所具有的直接或间接光吸收特性,紫外-可见分光光度法已成为生物化学研究中广泛使用的方法。

2.1 原理

紫外-可见分光光度法根据物质分子对 200～760 nm 波长光波的吸收特性进行定性、定量测定和结构分析。分子的紫外-可见吸收光谱是由于分子中的某些基团吸收了紫外-可见光后,发生电子能级跃迁而产生的吸收光谱。它反映了分子中某些基团的信息,因此可以用标准光谱并结合其他手段对分子进行定性分析。而在某一分子的特征吸收波长下,单色光通过光吸收物质时,光强度随物质浓度的增加及光径的增长而呈指数减少,可根据 Lambert-Beer 定律对含量进行定量分析:

$$-\lg T=A=\varepsilon c l$$

式中:T 为透光率(transmitance);A 为吸光度(absorbance,又称光密度 O.D,optical density);ε 为摩尔吸收系数[L/(mol•cm)];c 为物质浓度(mol/L);l 为样品池(比色皿)厚度(cm)。ε 是某一物质的特征性常数,因此当样品池厚度固定时,某一物质的浓度与吸光度成正比,可由此测定其浓度。

2.2　紫外-可见分光光度计

紫外-可见分光光度计由光源、单色器、比色皿、检测器和显示装置 5 个部件组成。光源负责提供仪器使用波段的连续光谱,一般采用钨灯提供波长 350～2 500 nm 的连续光谱,氘灯或氢灯提供波长 180～460 nm 的连续光谱。比色皿有石英比色皿和玻璃比色皿 2 种,前者适用于紫外到可见区,后者只适用于可见区,其光程一般为 0.5～1.0 cm。常用的检测器有光电管或光电倍增管,近年来还使用光导摄像管或光电二极管矩阵,能进行快速扫描。较高级的分光光度计常配备微处理机、荧光屏显示和记录仪或打印装置等,可将图谱、数据和操作条件都显示出来。有的分光光度计甚至配备了比色皿控温装置,可测定某一恒定温度下吸光度值的变化,因此可进行恒温反应体系中紫外-可见光吸收动力学的研究。

2.3　吸光度的测定和浓度计算

在测定吸光度之前,应根据被测物的最大吸收峰选择合适的波长,然后以空白溶液调整透光率(T)为 100% 和吸光度(A)为 0 后,测定样品溶液的吸光度值。吸光度的数值应控制为 0.1～0.8,过大或过小都会存在较大的测量误差。可通过调节被测溶液的浓度,使测出的吸光度值处于合适范围之内。

测定时,空白溶液的选择非常重要。如果被测物本身就有特征光吸收,不需要显色剂时,可以用配制被测物的溶液或蒸馏水作为空白溶液,直接测定被测物的光吸收值。如果被测物本身没有光吸收,而是经特定显色剂作用后产生光吸收,则可以用配制被测物的溶液或蒸馏水与显色剂作用后的溶液作为空白溶液,测定被测物显色后的光吸收值。

样品溶液的浓度根据已知浓度的标准样品溶液进行计算。可以采用单点标样法(标准比较法),使用单一浓度的标样,根据公式:

$$样品浓度 = 标样浓度 \times \frac{样品吸光度}{标样吸光度}$$

进行计算;也可以采用多点标样法,使用几种不同浓度的标样,绘制出标准曲线,或得出标准系数或回归方程后,将样品的吸光度值代入曲线或方程进行计算。后者由于准确度高、误差低,因此更为常用。现在许多分光光度计可以直接对系列浓度的标样进行回归分析,并计算出回归方程,然后根据样品溶液的吸光度值,直接给出样品的浓度值。

对于本身就有特征光吸收的被测物质,如 DNA、RNA,如果样品较纯,还可以通过测定的吸光度值,根据其摩尔消光系数,按公式 $A = \varepsilon c l$ 直接计算其浓度。例如,DNA 的摩尔磷消光系数 ε 为 6 000～8 000 L/(mol·cm),若采用厚度为 1 cm 的比色皿,则浓度为 1 μg/mL 的 DNA 溶液在 260 nm 波长下的吸光度值 A 为 0.020,因此 DNA 溶液的浓度 c(μg/mL)$= A/0.020$。这种方法现在常被用于计算提纯的 DNA 样品的浓度。同样,RNA 的摩尔磷消光系数 ε 为 7 000～9 000 L/(mol·cm),RNA 溶液的浓度 c(μg/mL)$= A/0.022$,常被用于计算纯化的 RNA 样品的浓度(见实验五)。

3 荧光分光光度法

荧光分光光度法是利用某些物质被紫外光或可见光照射后所发出的特征性荧光进行定性或定量分析的方法。这种方法和紫外-可见分光光度法一样操作简便快速,而灵敏度比紫外-可见分光光度法更高,达 $10^{-10} \sim 10^{-12}$ g/mL,且选择性好,取样量少,工作曲线线性范围宽。但是由于许多生物分子并不具有荧光特性,因此其应用不如紫外-可见分光光度法广泛。荧光分光光度法除了被直接应用于荧光分光光度计测定之外,还可以作为高效液相色谱法(HPLC)的检测器使用,现在后者的使用更多。实验六采用荧光分光光度法测定维生素 B_2 的含量。

3.1　原理

物质荧光的产生是由在通常状况下处于基态的物质分子吸收激发光后变为激发态,这些处于激发态的分子是不稳定的,在返回基态的过程中将一部分能量又以发射光的形式放出,从而产生荧光,发射光的波长比激发光的波长更长。不同物质由于分子结构不同,其激发态能级的分布具有各自不同的特征,这种特征反映在荧光上表现为各种物质都有其特征性激发光谱和发射光谱,因此可以用荧光激发光谱和发射光谱的不同来定性的进行物质鉴定。

在进行荧光发射光谱扫描时,将激发光波长调节到最适当的波长处,而记录样品在这一固定波长激发光的激发下所产生的发射光在各波长下的荧光强度,这种荧光强度与发射光波长间的光谱即为荧光发射光谱。在进行荧光激发光谱的扫描时,将发射光的波长调节到最适当的荧光波长处,而记录样品在各波长的激发光激发下所产生的发射光在这一固定波长下的荧光强度,这种荧光强度与激发光波长间的光谱即为荧光激发光谱。

当荧光物质溶液浓度较低时,在特征性激发光激发下,发射光荧光强度与该物质的浓度通常有良好的正比关系,即 $F = kc$,F 为荧光强度,其单位因仪器而异,多为光能量或光子计数的单位;k 为荧光强度和样品浓度 c 之间的系数,可通过标样计算出来,其数值和单位因仪器的测量条件和 F、c 的单位而异。利用这种关系可以进行荧光物质的定量分析。

3.2　荧光分光光度计

荧光分光光度计是用于扫描液体或固体荧光标记物所发出荧光光谱的一种仪器。它能提供激发光谱、发射光谱及荧光强度、量子产率、荧光寿命和荧光偏振等许多物理参数,从各个角度反映分子的成键和结构情况。通过对这些参数的测定,不但可以定量分析,还能定性鉴定,且可以推断分子在各种环境下的构象变化,从而阐明分子结构与功能之间的关系。荧光分光光度计的激发波长扫描范围一般是 $190 \sim 650$ nm,发射波长扫描范围是 $200 \sim 800$ nm。

荧光分光光度计由光源、激发光单色器、样品室、发射光单色器、检测器 5 个部件组成。光源负责提供仪器使用波段的连续光谱,一般为高压汞蒸气灯或氙弧灯,后者能发射出强度较大的连续光谱,且波长为 $300 \sim 400$ nm 时强度几乎相等,故较常用。激发光单色器位于光源和样品室之间,用于将光源发射出的连续光谱分解成特定波长的单色光,将此单色激发光照射在样品上。样品室通常由石英池或固体样品架组成。在测量液体样品时,光源与检测器成直角安排;在测量固体样品时,光源与检测器成锐角安排。发射光单色器位于样品室和检测器之间,用于将荧光物质在激发光照射下所发出的荧光变成特定波长的单色荧光,即发射光,从而进行检测。检测器一般采用光电管或光电倍增管,可将光信号放大并转为电信号。

3.3　荧光强度的测定和浓度计算

与紫外-可见分光光度法类似,荧光分析通常也采用标准比较法或标准曲线法进行。与紫外-可见光的吸光度不同的是,荧光强度的工作曲线线性范围更宽。

在测定被测物的荧光强度之前,应根据被测物的荧光吸收特性选择合适的激发光波长和发射光波长,并配制标准溶液及其空白液进行荧光分光光度计的校准。对于一定浓度的荧光物质溶液,当激发光强度、激发光波长、发射光波长、溶剂及温度等条件固定时,其发射光强度与荧光物质的浓度成正比。但是当荧光物质的浓度太大时,会有"自熄灭"作用,这时在液面附近溶液会吸收激发光,使发射光强度下降,导致发射光强度与浓度不成正比,因此在测定荧光强度之前,需要用标准溶液确定荧光强度与被测物浓度之间的线性范围。然后在相同的激发光波长、发射光波长及其他条件下,分别测定标准溶液及其空白液的荧光强度,以及样品溶液及其空白液的荧光强度,根据公式计算出样品的浓度:

$$c_2 = \frac{F_2 - F_{20}}{F_1 - F_{10}} \times c_1$$

式中:c_2 为样品溶液浓度;c_1 为标准溶液浓度;F_2 为样品溶液荧光强度;F_{20} 为样品空白液荧光强度;F_1 为标准溶液荧光强度;F_{10} 为标准空白液荧光强度。样品荧光强度的数值应与标样荧光强度的数值具有可比性,即处于荧光强度与被测物浓度之间的线性范围内,过大或过小都会存在较大的测量误差。可通过调节被测溶液的浓度使测出的荧光强度值处于合适的范围之内。

荧光分析法因灵敏度高,故干扰因素也多。溶剂不纯会带入较大误差,故应测定空白的 F 值,并保持所用器具洁净。温度对荧光强度也有较大的影响,测定时应控制相同的温度。

4　电化学检测法

电化学检测法是建立在物质的电化学特性基础上的一类仪器分析方法,早期极谱法的建立确立了电化学仪器分析方法的应用,此后电化学方法和技术得到了极大的发展,出现了多种不同类型的分析方法,在包括生命科学在内的众多领域中得到了广泛的应用。

4.1　原理

电化学检测法的原理是根据包含样品的电化学池中某种参数(如电阻、电导、电位、电流和电量等)与被测物质浓度间存在一定的关系而进行测定的方法,其基础是待测物质在电化学池中发生特定类型的电化学反应,而该反应能够引起可供检测的信号改变。在生物样品检测中,大多是通过电流信号来对待测物的浓度进行表征。例如,将电化学方法与传感器技术结合得到的电化学生物传感器,被广泛应用于各类物质的检测。该器件由一套电化学检测仪和一组电极系统组成,其中电化学检测仪可提供检测所需的电位等参数,并能实时检测电极-溶液界面的电流、电位、阻抗等信号改变情况。电极是传感器的重要部件,通过与识别元件结合,识别溶液中待测物质的浓度信号并转换成电信号。传感器设计中最为常用的识别元件是酶,相应的电极则是酶电极。修饰在电极表面的酶能特异性催化溶液中的待测物质发生化学反应,在此过程中伴随的电子得失或生成的产物在电极表面的氧化还原能够转化为电流信号而被测定。酶的特异性保证了检测过程的选择性,而电流信号强弱与待测物质浓度间的关系成为定量分析的依据。目前应用最多的传感器是基于氧化还原酶的酶传感器,这类酶在催化待测物氧化的同时伴随过氧化氢(H_2O_2)的产生,后者在电极表面被氧化,失去的电子传递给电极而产生电流信号,电流大小与待测物浓度之间存在比例关系。采用不同种类的氧化还原酶制备成酶电极,就能分别用于对相应的酶的底物进行检测。

4.2 电化学检测仪

电化学检测仪的种类较多,比较先进的是电化学工作站,通常包含快速数字信号发生器、高速数据采集系统、电位电流信号滤波器、多级信号增益、iR 降补偿电路,以及恒电位仪/恒电流仪,集成了常用的电化学测量技术,如:恒电位、恒电流、电位扫描、电流扫描、电位阶跃、电流阶跃、脉冲、方波、交流伏安法、流体力学调制伏安法、库仑法、电位法及交流阻抗等。仪器由外部计算机控制,仪器软件具有很强的功能进行文件管理、实验控制及数据处理。而在以浓度检测为目的的分析中,所用到的电化学技术种类有限,最常用的电流型生物传感器是采用在恒定电位下检测电流值的方法,如上面所提到的基于氧化还原酶的酶传感器,因此所用仪器不需要整合大量的电化学技术,但是需要对酶膜、样品池、管路系统及数据处理与显示单元做合适的设计,如实验二中采用的生物传感自动分析仪。

4.3 电流值的测定和浓度计算

用电流型生物传感器测定样品浓度时,需建立电流大小与浓度间的换算关系,这可以通过绘制标准曲线或用标样标定来实现。其中标准曲线法不仅能准确反映电流值与浓度的关系,还能显示检测的线性范围。而用标样直接标定操作简便,但往往需要对线性进行校正。

5 其他测定方法

其他还有通过特定反应中气体量的变化对底物进行定性定量分析(见实验三十六)。对于一些难以直接检测的生物分子,可以通过 HPLC 进行分析,结合标样的使用,对比洗脱峰位置和峰面积对生物分子进行分离鉴定和定量分析。

6 实验部分

实验一 总糖和还原糖含量的测定

一、实验目的

1. 掌握还原糖和总糖测定的基本原理;
2. 掌握比色法测定还原糖的操作方法和分光光度计的使用。

二、实验原理

糖类物质的测定方法较多,大多建立在对还原糖测定的基础上。还原糖是指含有游离醛基或酮基的糖类,单糖都是还原糖,寡糖多数具有还原性,而多糖都不具备还原性。利用还原糖与氧化剂发生氧化还原反应时产生的有色产物,可以对还原糖进行定性定量分析。

还原糖在碱性条件下会转化成烯醇式结构,在加热条件下能与 3,5-二硝基水杨酸(DNS)试剂发生氧化还原反应,被氧化成糖酸和其他产物,3,5-二硝基水杨酸则被还原为棕红色的 3-氨基-5-硝基水杨酸(图 1.2),最大吸收波长在 540 nm。在一定浓度范围内,还原糖含量与吸光度之间呈线性关系,从而可以对还原糖进行定量分析(还原糖以葡萄糖含量计)。

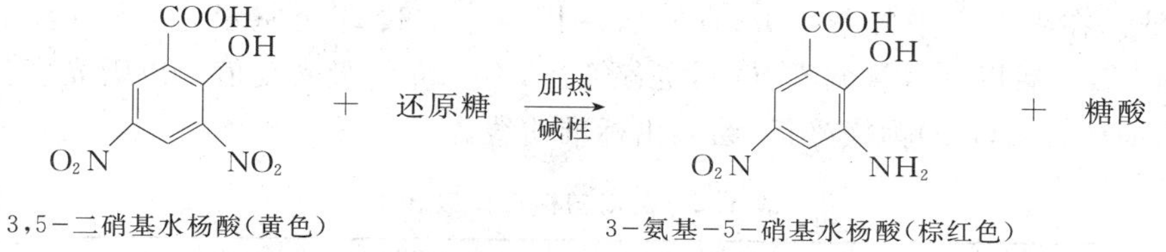

图 1.2　还原糖与 3,5-二硝基水杨酸(DNS)试剂反应

总糖含量包括了还原糖和非还原糖。在对总糖进行测定时,可用酸水解法使多糖和寡糖降解成有还原性的单糖进行测定,再分别求出样品中还原糖和总糖的含量。由于多糖水解为单糖时,每断裂一个糖苷键需加入一分子水,所以在计算多糖质量时应乘以系数 0.9。

三、试剂和器材

(一) 试剂

1. 1 mg/mL 葡萄糖标准溶液:称取 100 mg 葡萄糖(预先在 80 ℃烘至恒重),用少量蒸馏水溶解后,转移到 100 mL 容量瓶定容至刻度,摇匀,4 ℃保存备用。

2. DNS 试剂:溶液 Ⅰ:取 4.5% NaOH 溶液 300 mL,1% DNS 溶液 880 mL 及酒石酸钾钠($KNaC_4O_6 \cdot 4H_2O$)255 g,三者一起混合均匀。溶液 Ⅱ:取结晶酚 10 g,10% NaOH 溶液 22 mL,加蒸馏水至 100 mL 混匀;将溶液 Ⅱ和溶液 Ⅰ混合,激烈振摇混匀,放置 1 周后备用。

3. 碘-碘化钾溶液:称取 5 g 碘和 10 g 碘化钾,溶于 100 mL 蒸馏水。

4. 酚酞指示剂:称取 0.1 g 酚酞,溶于 250 mL 的 70%乙醇中。

5. 6 mol/L 盐酸:50 mL 浓盐酸加蒸馏水稀释至 100 mL。

6. 6 mol/L NaOH 溶液:240 g NaOH 溶于蒸馏水并定容至 1 000 mL。

7. 面粉或山芋粉。

（二）器材

1. 25 mL 具塞比色管　　　　　2. 离心管
3. 烧杯　　　　　　　　　　　　4. 锥形瓶
5. 容量瓶　　　　　　　　　　　6. 移液管
7. 恒温水浴锅　　　　　　　　　8. 电炉
9. 离心机　　　　　　　　　　　10. 电子天平
11. 分光光度计　　　　　　　　 12. 白瓷板
13. 滤纸

四、实验步骤

1. 葡萄糖标准曲线的绘制

取 6 支具塞比色管编号，按表 1.2 分别加入各种试剂，配成不同葡萄糖含量的反应液。在沸水浴中加热 5 min，取出后用自来水冷却至室温，用蒸馏水定容至 25 mL，混匀后以 0 号管调零点，测定各管在 540 nm 的吸光度值。以吸光度为纵坐标，葡萄糖含量（mg）为横坐标，绘制出标准曲线。

表 1.2　葡萄糖标准曲线制作

管号	葡萄糖标准溶液体积/mL	蒸馏水体积/mL	DNS 体积/mL	葡萄糖含量/mg	A_{540}
0	0	2	3.0	0	
1	0.2	1.8	3.0	0.2	
2	0.4	1.6	3.0	0.4	
3	0.6	1.4	3.0	0.6	
4	0.8	1.2	3.0	0.8	
5	1.0	1.0	3.0	1.0	

2. 样品中还原糖和总糖含量的测定

（1）还原糖的测定：称取 3.0 g 面粉到 100 mL 三角瓶中，先以少量蒸馏水调成糊状，然后加 50 mL 蒸馏水搅匀，于 50 ℃恒温水浴中保温 20 min 使还原糖浸出。将浸出液（含沉淀）转移到 50 mL 离心管中，于 4 000 r/min 离心 5 min，沉淀用 20 mL 蒸馏水洗一次，再次离心，将两次离心后的上清液收集合并，定容至 100 mL 作为待测液。取 2 支具塞比色管编号 6、7 号管，按表 1.2 加入各种试剂后在沸水浴中加热 5 min，冷却后用蒸馏水定容至 25 mL，以上述 0 号管调零点测定各管在 540 nm 处的吸光度。

（2）总糖的测定：称取 1.0 g 面粉到 100 mL 三角瓶中，加入 10 mL 6 mol/L 盐酸及 15 mL 蒸馏水，于沸水浴中加热水解 30 min。取 1～2 滴水解液于白瓷板，加 1 滴碘－碘化钾溶液，如果不显蓝色说明已水解完全。水解液冷却后，加入 1 滴酚酞指示剂，以 6 mol/L NaOH 溶液中和至微红色，过滤，再用少量蒸馏水冲洗三角瓶及滤纸，将滤液全部收集合并，定容至 100 mL。吸取 10 mL 水解液，移入另一个 100 mL 容量瓶，再次以蒸馏水稀释定容至 100 mL 作为总糖待测液。取 2 支具塞比色管编号 8、9 号管,按表 1.3 加入各种试剂后在沸水浴中加热 5 min,冷却后用蒸馏水定容至 25 mL,以上述 0 号管调零点测定各管在 540 nm 处的吸光度。

表 1.3　还原糖和总糖的测定

管号	还原糖待测液体积/mL	总糖待测液体积/mL	蒸馏水体积/mL	DNS体积/mL	A_{540}	葡萄糖含量/mg
6	1.0	—	1.0	3.0		
7	1.0	—	1.0	3.0		
8	—	1.0	1.0	3.0		
9	—	1.0	1.0	3.0		

（3）结果计算:根据以上测得的吸光度值从标准曲线上求得葡萄糖含量(mg),分别计算出 6、7 号管和 8、9 号管葡萄糖含量的平均值。

$$还原糖含量的平均值=\dfrac{测得的葡萄糖含量(mg)\times\dfrac{总体积(mL)}{测定用体积(mL)}}{样品质量(mg)}\times100\%$$

$$总糖含量的平均值=\dfrac{水解后葡萄糖含量(mg)\times稀释倍数}{样品质量(mg)}\times0.9\times100\%$$

五、思考题

1. 3,5-二硝基水杨酸比色法测定还原糖的原理是什么?还有哪些方法能够测定还原糖?

2. 测定总糖的原理是什么?在本实验的测定方法中,样品中其他杂质是否会影响到测定?

实验二　葡萄糖传感器检测样品中葡萄糖含量

一、实验目的

1. 了解葡萄糖生物传感器的工作原理;
2. 掌握利用葡萄糖传感器对样品进行分析的操作。

二、实验原理

生物传感器(biosensor)是由固定化的生物敏感材料(如酶)作为识别元件,通过适当的转换器及信号放大装置将待测底物浓度信号转换为电信号等可检测信号的仪器。葡萄糖传感器是目前商品化程度最高传感器,由于其具有操作简便、分析速度快、结果准确、分析成本低等优点,在医学诊断、食品与发酵分析等领域应用广泛。葡萄糖传感器的测定原理是依靠葡萄糖氧化酶(GOx)和过氧化氢(H_2O_2)电极的复合使用。葡萄糖氧化酶被固定在电极表面的膜内,当样品中存在底物葡萄糖时,酶催化反应:

$$葡萄糖 + O_2 + H_2O \longrightarrow 葡萄糖酸 + H_2O_2$$

反应产物 H_2O_2 透过酶膜内层在电极表面失去电子被氧化,电极获得电子产生电流信号,电流信号强度在一定范围内与 H_2O_2 及底物葡萄糖的浓度成线性比例关系。通过比较被测物和标准样品产生的 H_2O_2 量,就可计算出样品中底物的含量。

三、试剂和器材

（一）试剂

1. 含葡萄糖氧化酶的酶膜（随葡萄糖传感器提供）。

2. 工作缓冲液：包含 0.1 mol/L NaCl,0.05 mol/L EDTA 的 0.05 mol/L 磷酸缓冲液（pH 6.0）。

3. 1 mg/mL 葡萄糖标准溶液：见实验一。

4. 待测样品（血清、发酵液或食品提取液）。

（二）器材

1. SBA-80 型生物传感自动分析仪（山东省科学院生物研究所研制,图 1.3）

2. 烧杯

3. 容量瓶

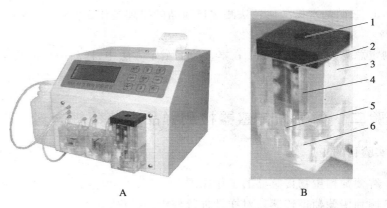

图 1.3 SBA-80 型生物传感自动分析仪

A. 分析仪外观；B. 反应池系统

1. 进样口；2. 反应池溢流帽；3. 恒温铝块；4. 反应池；5. 反应池解锁钮；6. 搅拌电机

四、实验步骤

1. 酶膜的更换

酶膜是传感器的关键部分,本质为蛋白质的酶在使用中活性是会逐渐下降的,当活性下降到一定程度,对标准样测定误差大于 2% 时,需要更换酶膜。通常酶膜在 4 ℃保存时有效期为 1 年,在规定的条件下能连续使用 1 个月左右。更换酶膜时需拨开反应池解锁钮(图 1.3B),取下反应池,取出旧膜,装入新膜后再安装好反应池。

　　2. 定标和线性校正

　　分析仪的工作原理是通过比较被测物和标准样品在葡萄糖氧化酶催化下生成 H_2O_2 引起的电流信号来计算出样品中葡萄糖的含量,因此在对样品进行测定前先要用标准浓度的样品对电流信号进行定标。先在仪器上设定标样浓度为 1 mg/mL,将 25 μL 葡萄糖标准溶液注入反应池后进行定标。用工作缓冲液清洗反应池,然后通过分别注入 1/2 标样和 2 倍标样进行线性校正,每次校正后均需用工作缓冲液清洗反应池。

　　3. 样品的测定

　　含高浓度葡萄糖的样品,如发酵液等,需要稀释后测定,稀释倍数以稀释后浓度略低于标样浓度为佳。对于发酵液,通常稀释倍数应在 50 倍以上,确保菌体代谢产物不会对测定产生显著影响。对于强酸性或强碱性样品,在稀释前必须先调 pH 至中性,否则可能使酶膜不可逆的失活。在定标和线性校正后将稀释样品注入反应池即可直接测定出样品浓度,乘以稀释倍数后得到原样品中的葡萄糖浓度。

五、思考题

　　1. 生物传感器的工作原理是什么?本实验所用的葡萄糖分析仪是否能用于乳酸、谷氨酸等底物的测定?需要做何种改变才能用于对其他底物的测定?

　　2. 比较本方法和 DNS 试剂法测定葡萄糖的优缺点。

实验三　玉米种子中色氨酸含量的测定

一、实验目的

1. 了解碱水解法降解蛋白质的原理和方法;
2. 掌握用比色法对色氨酸定量分析的原理。

二、实验原理

　　色氨酸是人体 8 种必需氨基酸之一,也是合成维生素 B_6 的前体物质。以玉米为主食者易患癞皮病,这是因为玉米中缺乏色氨酸。对玉米种子的色氨酸含量测定时,首先通过碱水解法将玉米蛋白质水解为氨基酸,色氨酸在碱水解条件下保持稳定。然后在酸性介质中,有硝酸盐存在条件下,色氨酸的吲哚环与对二甲基氨基苯甲醛试剂反应生成一种蓝色化合物,在一定浓度范围内,蓝色的深浅与色氨酸含量呈线性关系,因此可用比色法测定色氨酸含量。

三、试剂和器材

（一）试剂

1. 11 mol/L 硫酸溶液。

2. 1% 对二甲基氨基苯甲醛溶液,用 11 mol/L 硫酸溶液配制。

3. 1％和 0.04％亚硝酸钠（$NaNO_2$）溶液。

4. 100 μg/mL 色氨酸标准溶液：准确称取 25.0 mg 色氨酸于小烧杯中，加少量 0.1 mol/L NaOH 溶液溶解，转移到棕色容量瓶中并定容至 250 mL。

5. 0.25％ NaOH 溶液。

6. 玉米粉和小麦粉。

（二）器材

1. 电子天平	2. 分光光度计
3. 离心机	4. 恒温水浴锅
5. 250 mL 容量瓶	6. 试管

四、实验步骤

1. 色氨酸标准曲线的绘制

取 6 支试管编号，按表 1.4 添加试剂并反应，随后以 0 号管调零点于 600 nm 处测定吸光度。以吸光度为纵坐标，色氨酸含量（μg）为横坐标，绘制出标准曲线。

表 1.4　色氨酸标准曲线的绘制

管号	0	1	2	3	4	5
色氨酸标准溶液体积/mL	0	0.1	0.2	0.3	0.4	0.5
蒸馏水体积/mL	0.5	0.4	0.3	0.2	0.1	0
对二甲基氨基苯甲醛溶液体积/mL	4.5	4.5	4.5	4.5	4.5	4.5
	混合后于暗处室温放置 1.5 h					
0.04％ $NaNO_2$ 溶液体积/mL	0.05	0.05	0.05	0.05	0.05	0.05
	混合后再放置 30 min，测定各管的 A_{600}					

2. 样品中色氨酸含量的测定

称取玉米粉和小麦粉各 0.5 g，分别加入 0.25％ NaOH 溶液 10 mL，在 40 ℃水浴中振荡保温 30 min，取出后以 4 000 r/min 离心 10 min。取 2 支试管分别吸取玉米粉和小麦粉水解上清液 0.25 mL，再分别加入 0.25 mL 蒸馏水和 4.5 mL 对二甲基氨基苯甲醛溶液，混合后于暗处室温放置 1.5 h，加入 0.05 mL 0.04％ $NaNO_2$ 溶液后再放置 30 min，以表 1.4 中 0 号管调零点测定 2 个样品管在 600 nm 处的吸光度，然后分别从标准曲线上计算出色氨酸的质量（μg），并计算 2 种样品色氨酸含量：

$$样品色氨酸含量 = \frac{色氨酸的质量（μg）\times 10\ mL}{0.25\ mL \times 0.5\ g \times 10^6} \times 100\%$$

五、思考题

1. 说明本实验所用到的各种试剂的作用。

2. 在对样品中其他氨基酸含量进行测定时，是否也能采用碱水解方法，为什么？

实验四 蛋白质的定量分析

Ⅰ.总氮量的测定——微量凯氏定氮法

一、实验目的

1. 学习微量凯氏定氮法测定蛋白质含量的原理；

2. 掌握微量凯氏定氮法的操作技术，包括标准硫酸铵含量的测定，未知样品的消化、蒸馏、滴定及其含氮量的计算等。

二、实验原理

天然有机物的含氮量常用微量凯氏定氮法来测定。生物材料的含氮化合物分析测定主要是指蛋白质，核酸的含量通常是用定磷法或别的方法测定。蛋白质的含氮量几乎是恒定的，为 $15\%\sim16\%$。因此只要测定蛋白氮，乘以 6.25，即为粗蛋白质含量。

当被测的天然含氮有机物与浓硫酸共热时，其中的碳、氢元素转变成 CO_2 和 H_2O，而氮元素转变成氨，并进一步与硫酸反应生成硫酸铵，此过程称为"消化"。消化时分解反应进行得很慢，需要加入硫酸钾以提高沸点（可由290 ℃提高到400 ℃），加入硫酸铜作为催化剂（其他氧化剂如 H_2O_2 也可以）。消化完成后，在凯氏定氮仪中加入强碱碱化消化液，使硫酸铵分解放出氨。用水蒸气蒸馏法，将氨蒸入过量标准无机酸（硼酸）溶液中，然后用标准盐酸溶液进行滴定，从而计算出含氮量。以甘氨酸为例，该过程的化学反应如下：

$$CH_2-COOH + 3H_2SO_4 \longrightarrow 2CO_2 + 3SO_2 + 4H_2O + NH_3$$
$$| \atop NH_2$$

$$2NH_3 + H_2SO_4 \longrightarrow (NH_4)_2SO_4$$

$$(NH_4)_2SO_4 + 2NaOH \longrightarrow 2H_2O + Na_2SO_4 + 2NH_3 \uparrow$$

$$3NH_3 + H_3BO_3 \longrightarrow (NH_4)_3BO_3$$

$$(NH_4)_3BO_3 + 3HCl \longrightarrow H_3BO_3 + 3NH_4Cl$$

本法适用范围为 $0.2\sim1.0$ mg 氮，相对误差小于 $\pm2\%$。

三、试剂和器材

（一）试剂

1. 浓硫酸。

2. 粉末硫酸钾-硫酸铜混合物（K_2SO_4 : $CuSO_4 \cdot 5H_2O = 3:1$）。

3. 30% NaOH 溶液。

4. 0.010 mol/L 盐酸。

5. 2%硼酸。

6. 标准硫酸铵溶液（0.3 mg 氮/mL）。

7. 混合指示剂：由 50 mL 0.1％甲烯蓝酒精溶液与 200 mL 0.1％甲基红酒精溶液混合而成,酸色为紫红色,碱色为绿色。

8. 酵母粉。

（二）器材

1. 改良式微量凯氏定氮仪	2. 消化炉
3. 消化管	4. 铁架台
5. 电子天平	6. 50 mL 容量瓶
7. 锥形瓶	8. 表面皿
9. 移液管	10. 量筒
11. 酸式滴定管	12. 酒精灯

四、实验步骤

1. 样品的准备

测定固体样品中蛋白质的含量时,是按 100 g 该物质的干重所含蛋白质的质量(g)来表示(％),因此在定氮前应将固体样品中的水分除掉。本实验以干酵母粉为样品进行测定,将活性干酵母置于 105 ℃烘箱内干燥 4 h 至恒重,精确称取 0.1 g 左右干酵母两份。

2. 消化

取 3 支消化管编号,在 1,2 号管中各加样品 0.1 g,硫酸钾－硫酸铜混合物 0.2 g,浓硫酸 5 mL,在消化炉中加热 2 h 左右,直至消化管内液体为淡蓝绿色。在 3 号管中加 0.1 g 蒸馏水代替样品,其余同 1,2 号管,作为对照用以测定试剂中可能含有的微量含氮物质。消化完毕,待消化管内容物冷却后,缓慢加入蒸馏水 10 mL,冷却后倒入 50 mL 容量瓶中,并以蒸馏水冲洗消化管数次,将溶液并入容量瓶并定容至刻度备用。

3. 蒸馏

（1）蒸馏器的洗涤:改良式微量凯氏定氮仪把蒸汽发生器、反应室和冷凝器几部分合为一体(图 1.4),使用前必须彻底洗涤。连接进水口与自来水管,打开水龙头。打开弹簧夹 2,使水进入夹套至稍高于出水口,关闭弹簧夹 2 和 3,用酒精灯加热使蒸汽通过进气口进入反应室进行洗涤,在冷凝管下口放一个盛有硼酸－指示剂混合液的锥形瓶,冷凝管下端应完全浸没于液体中,洗涤 1～2 min,观察锥形瓶中溶液是否变色,若基本不变色,证明蒸馏器已洗涤干净。将火移开,打开弹簧夹 1,从加样漏斗加入少量蒸馏水,关闭弹簧夹 1,由于夹套内温度降低使压力下降,可把反应室内液体通过进气口吸出到夹套内。如此重复数次清洗反应室,仪器即可使用。

（2）标准样品练习:蒸馏样品和空白实验前,为了练习蒸馏和滴定操作,可用标准硫酸铵溶液做 2～3 次试验。取 3 个锥形瓶,各加 5 mL 硼酸及 2～3 滴混合指示剂,溶液应呈紫红色,用表面皿覆盖备用。加样前反应室内的液体应尽可能少,以免降低碱的浓度,延长反应时间,使蒸馏不彻底。

加样前先移去酒精灯,并打开弹簧夹 2 和 3(否则样品会被抽出反应室)。打开弹簧夹 1,用移液管吸 1 mL 标准硫酸铵溶液,把移液管头部插到加样漏斗颈部,将样品加入反应室。勿使样品加到漏斗上部,以免加碱后,氨挥发掉。取一只盛有硼酸－混合指示剂的锥形瓶,放于冷凝管下口,下口必须浸没在硼酸液面之下。然后用量筒从加样漏斗加入 5 mL 40% 的 NaOH 溶液。在碱液未完全流尽时,关闭弹簧夹 1,并在漏斗内加约 2 mL 蒸馏水,再打开弹簧夹 1,使一半水流入反应室,一半水留在漏斗内作水封。关闭弹簧夹 2 和 3。

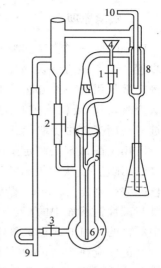

图 1.4　改良式微量凯氏定氮仪

1,2,3. 弹簧夹;4. 加样漏斗;

5. 进气口;6. 反应室;

7. 夹套;8. 冷凝管;

9. 出水口;10. 进水口

　　用酒精灯在夹套外加热。当锥形瓶内硼酸溶液吸收了氨气时,指示剂颜色由紫色变为绿色,自变色起计时,蒸馏 3～5 min,移动锥形瓶使瓶内液面离冷凝管下口约 1 cm,用少量蒸馏水洗涤冷凝管下口外壁,继续蒸馏约 1 min,拿开锥形瓶,用表面皿覆盖瓶口。按以上操作再练习蒸馏 2 次后,3 个锥形瓶一起滴定。

　　样品蒸馏完毕后,拿开锥形瓶及酒精灯,随即从加样漏斗中较快倒入一些蒸馏水,反应室内的废液即从进气口抽出,重复 2 次后,打开弹簧夹 2 和 3,从夹套中排出废液。

　　（3）样品及空白蒸馏:取 2 mL 消化样品或空白消化液由加样漏斗加入反应室,其余操作完全按上述操作进行。样品及空白蒸馏均完毕后进行滴定。

　　（4）滴定:以 0.010 mol/L 盐酸溶液滴定锥形瓶中收集的氨,直至硼酸－指示剂混合液由绿色变为淡紫色为滴定终点。

　　（5）计算:

$$样品的总氮含量 = \frac{c(V_1 - V_2) \times 0.014 \times 100}{m} \times \frac{消化液总量(mL)}{测定时消化液用量(mL)}\%$$

　　式中:c,标准盐酸溶液浓度(mol/L);V_1,滴定样品用去的盐酸体积(mL);V_2,滴定空白用去的盐酸体积(mL);0.014,氮的毫摩尔质量;m,样品的质量(g)。

五、思考题

1. 说明本实验中所用各种试剂的作用。
2. 分析微量凯氏定氮法测定样品蛋白质含量时误差的主要来源。

Ⅱ. Folin－酚试剂法(Lowry 法)

一、实验目的

1. 学习 Folin－酚试剂法测定蛋白质含量的原理及方法;

2. 通过绘制标准曲线,测定未知样品中的蛋白质含量。

二、实验原理

Folin-酚试剂法又称为 Lowry 法,最早由 Lowry 确定了蛋白质浓度测定的基本步骤。由于该方法灵敏度很高,在生物化学领域得到广泛的应用,成为蛋白质含量测定最常用的一种方法。由于其试剂乙液的配制较为困难(现已可以直接购买),方法费时较长,要精确控制操作时间,标准曲线也不是严格的直线形式,近年来已逐渐被考马斯亮蓝法所取代。

Folin-酚试剂法测定蛋白质的原理是在双缩脲反应的基础上加入 Folin-酚试剂,增加显色量,从而提高检测蛋白质的灵敏度。显色原理是蛋白质含有的酪氨酸和色氨酸残基能与 Folin-酚试剂发生氧化还原反应:首先在碱性溶液中蛋白质的肽键与碱性铜溶液中的 Cu^{2+} 作用生成蛋白质-Cu^{2+} 复合物;然后蛋白质-Cu^{2+} 复合物中所含的酪氨酸或色氨酸残基还原酚试剂中的磷钼酸和磷钨酸,生成蓝色的化合物。呈色反应在 30 min 内接近极限,在一定浓度范围内,颜色深浅度与蛋白质浓度呈线性关系。此法可检测的最低蛋白质含量为 5 μg。

三、试剂和器材

(一)试剂

1. Folin-酚试剂甲液:配制① 4% Na_2CO_3 溶液,② 0.2 mol/L NaOH 溶液,③ 1%硫酸铜($CuSO_4 \cdot 5H_2O$)溶液,④ 2%酒石酸钾钠溶液,临使用前,将①与②等体积混合,③与④等体积混合,然后将这两种混合液按 50:1 的比例混合,即为 Folin-酚试剂甲液,该试剂只能当天使用。

2. Folin-酚试剂乙液:在 2 000 mL 磨口回流装置内加入钨酸钠 100 g,钼酸钠 25 g,蒸馏水 700 mL,85%磷酸 50 mL 和浓盐酸 100 mL,充分混合,接上回流管以小火回流 10 h,再加硫酸锂 150 g,蒸馏水 50 mL 及数滴液溴,然后开口继续煮沸 15 min 以驱除过量溴,冷却后定容至 1 000 mL,过滤,滤液呈淡黄色,置于棕色瓶中保存,使用前应适当稀释,使其成为 1 mol/L 的酸即为 Folin-酚试剂乙液。

3. 标准蛋白质溶液:称取牛血清白蛋白(BSA)25 mg,用 0.9% NaCl 溶液溶解并定容至 50 mL,配制成 500 μg/mL 的标准蛋白质溶液。

4. 待测蛋白质样品。

(二)器材

1. 分光光度计   2. 恒温水浴锅
3. 容量瓶   4. 试管

四、实验步骤

1. 标准曲线的绘制

取 6 支试管编号,按表 1.5 加入试剂,混匀并保温,以 0 号管调零点测定各管在 500 nm 处的吸光度,然后以吸光度为纵坐标,标准蛋白质溶液的浓度(μg/mL)为横坐标,绘制标准曲线。

表 1.5　蛋白质浓度标准曲线的绘制

管号	0	1	2	3	4	5
标准蛋白质溶液体积/mL	0	0.2	0.4	0.6	0.8	1.0
蒸馏水体积/mL	1.0	0.8	0.6	0.4	0.2	0
Folin-酚试剂甲液体积/mL	5.0	5.0	5.0	5.0	5.0	5.0
	混匀,于 30 ℃水浴保温 10 min					
Folin-酚试剂乙液体积/mL	0.5	0.5	0.5	0.5	0.5	0.5
	混匀,于 30 ℃水浴保温 30 min					
A_{500}						

2. 样品的测定

取 2 支试管,各加入 1 mL 待测蛋白质样品溶液,按表 1.5 方法操作,仍以 0 号管作为空白对照。通常样品的测定也可与标准曲线的测定同时进行。2 支平行样品管在波长 500 nm 处测得吸光度后从标准曲线上计算出蛋白质的浓度(μg/mL),取平均值。若样品蛋白质浓度不在线性范围内,需先进行适当的稀释,测出稀释样品浓度后再乘以稀释倍数计算出原浓度。

五、思考题

1. 各种不同蛋白质与 Folin-酚试剂呈蓝色反应的显色能力是否相同,为什么?
2. 试讨论 Folin-酚试剂法测定蛋白质含量的优缺点。

Ⅲ. 考马斯亮蓝染色法(Bradford 法)

一、实验目的

学习和掌握考马斯亮蓝染色法测定蛋白质含量的原理和方法。

二、实验原理

1976 年 Bradford 建立了根据蛋白质与染料相结合的原理,测定蛋白质含量的考马斯亮蓝染色法(Bradford 法)。考马斯亮蓝 G-250 染料在酸性溶液中与蛋白质结合,染料最大吸收峰位置由 465 nm 变为 595 nm,溶液颜色也由棕黑色变为蓝色。染料主要是与蛋白质中的碱性氨基酸和芳香族氨基酸残基相结合。在 595 nm 下测定的吸光度与蛋白质浓度成正比。该方法是目前灵敏度最高的蛋白质含量测定方法之一,其最低蛋白质检测量可达 1 μg。

三、试剂和器材

(一)试剂

1. 标准蛋白质溶液:称取牛血清白蛋白(BSA)25 mg,用 0.9% NaCl 溶液溶解并定容至 250 mL,配制成 100 μg/mL 的标准蛋白质溶液。

2. 考马斯亮蓝 G-250 染料试剂:称 100 mg 考马斯亮蓝 G-250,溶于 50 mL 95%乙醇后,再加入 120 mL 85%磷酸,用水稀释至 1 000 mL,常温下可放置 1 个月。

3. 待测蛋白质样品。

（二）器材

1. 分光光度计   2. 容量瓶

3. 试管   4. 移液管

四、实验步骤

1. 标准曲线的绘制

取 6 支试管编号,按表 1.6 加入试剂,混匀后室温放置 2 min,以 0 号管调零点测定各管在 595 nm 处的吸光度,然后以吸光度为纵坐标,标准蛋白质溶液的浓度（μg/mL）为横坐标,绘制标准曲线。

表 1.6   蛋白质浓度标准曲线的绘制

管号	0	1	2	3	4	5
标准蛋白质溶液体积/mL	0	0.2	0.4	0.6	0.8	1.0
0.9% NaCl 溶液体积/mL	1.0	0.8	0.6	0.4	0.2	0
考马斯亮蓝 G-250 体积/mL	4.0	4.0	4.0	4.0	4.0	4.0
A_{595}						

2. 样品的测定

取 2 支试管,各加入 1 mL 待测蛋白质样品溶液,按表 1.6 方法进行操作,仍以 0 号管作为空白对照。通常样品的测定也可与标准曲线的测定同时进行。2 支平行样品管在波长 595 nm 处测得吸光度后从标准曲线上计算出蛋白质的浓度（μg/mL）,取平均值。若样品蛋白质浓度不在线性范围内,需先进行适当的稀释,测出稀释样品浓度后再乘以稀释倍数计算出原浓度。

五、思考题

1. 分析考马斯亮蓝染色法测定蛋白质含量的优缺点。

2. 哪些因素的存在会对考马斯亮蓝染色法造成干扰?

Ⅳ. 双缩脲法

一、实验目的

掌握双缩脲法测定蛋白质含量的原理和方法。

二、实验原理

双缩脲（NH_2—CO—NH—CO—NH_2）在碱性溶液中能与 Cu^{2+} 结合生成紫色络合物,该呈色反应称为双缩脲反应。而蛋白质及多肽的肽键与双缩脲结构类似,

因此也能与 Cu^{2+} 结合形成紫色络合物,其最大吸收波长为 540 nm,紫色络合物的颜色深浅与蛋白质浓度成正比,而与蛋白质的相对分子质量及氨基酸的组成无关。此方法操作简便迅速,也是蛋白质浓度分析的常用方法之一,但是灵敏度较低,测定蛋白质的质量浓度范围为 1～10 mg/mL。

三、试剂和器材

(一)试剂

1. 双缩脲试剂:称取 0.175 g $CuSO_4 \cdot 5H_2O$ 溶于 15 mL 蒸馏水,转移至 100 mL 容量瓶中,加入 30 mL 浓氨水,30 mL 冰冷的蒸馏水和 20 mL 饱和 NaOH 溶液,混匀,室温放置 1～2 h,再加蒸馏水至刻度备用。

2. 标准蛋白质溶液:称取牛血清白蛋白(BSA)1 g,用 0.9% NaCl 溶液溶解并定容至 100 mL,配制成 10 mg/mL 的标准蛋白质溶液。

3. 待测蛋白质样品。

(二)器材

1. 分光光度计   2. 恒温水浴锅
3. 容量瓶   4. 试管
5. 移液管

四、实验步骤

1. 标准曲线的绘制

取 6 支试管编号,按表 1.7 加入试剂,混匀后室温放置 30 min,以 0 号管调零点测定各管在 540 nm 处的吸光度。然后以吸光度为纵坐标,标准蛋白质溶液的质量浓度(mg/mL)为横坐标绘制标准曲线。

表 1.7 蛋白质浓度标准曲线的绘制

管号	0	1	2	3	4	5
标准蛋白质溶液体积/mL	0	0.2	0.4	0.6	0.8	1.0
蒸馏水体积/mL	1.0	0.8	0.6	0.4	0.2	0.0
蛋白质的质量浓度/mg/mL	0	2.0	4.0	6.0	8.0	10.0
双缩脲试剂体积/mL	4.0	4.0	4.0	4.0	4.0	4.0
	混匀,室温下放置 30 min					
A_{540}						

2. 样品的测定

取 2 支试管,各加入 1 mL 待测蛋白质样品溶液,按表 1.7 方法进行操作,仍以 0 号管作为空白对照。通常样品的测定也可与标准曲线的测定同时进行。2 支平行样品管在波长 540 nm 处测得吸光度后从标准曲线上计算出蛋白质的浓度(mg/mL),取平均值。若样品蛋白质浓度不在线性范围内,需调整稀释倍数后重新测定。

五、思考题

1. 干扰双缩脲法测蛋白质含量实验的因素有哪些?

2. 讨论双缩脲法测定蛋白质含量的优缺点。

Ⅴ. 紫外吸收法

一、实验目的

1. 了解紫外吸收法测定蛋白质含量的原理和操作；
2. 熟悉紫外分光光度计的使用。

二、实验原理

蛋白质分子中的酪氨酸、色氨酸和苯丙氨酸残基含有苯环共轭双键结构，使蛋白质在波长 280 nm 处有最大吸收。在一定浓度范围内吸光度与蛋白质含量成正比，可用作蛋白质含量的定量测定。该法可测定蛋白质浓度范围为 0.1～1.0 mg/mL。紫外吸收法测定蛋白质含量的优点是迅速简便，不消耗样品，低浓度盐类不干扰测定。但是当待测蛋白质与标准蛋白质中酪氨酸和色氨酸含量差异较大时会有一定的误差；并且当样品中核酸、嘌呤及嘧啶等具有紫外吸收性质的物质含量高时也会出现较大的干扰。

三、试剂和器材

（一）试剂

1. 标准蛋白质溶液：称取牛血清白蛋白（BSA）100 mg，用 0.9% NaCl 溶液溶解并定容至 100 mL，配制成 1 mg/mL 的标准蛋白质溶液。
2. 待测蛋白质样品。

（二）器材

1. 紫外分光光度计　　　　　　　　2. 石英比色皿
3. 试管　　　　　　　　　　　　　4. 移液管

四、实验步骤

1. 标准曲线的绘制

取 8 支试管编号，按表 1.8 配制成不同浓度的蛋白质溶液后，选用光程为 1 cm 的石英比色皿，以 0 号管调零点测定各管在 280 nm 处的吸光度。然后以吸光度为纵坐标，标准蛋白质溶液的质量浓度（mg/mL）为横坐标绘制标准曲线。

表 1.8　蛋白质浓度标准曲线的绘制

管号	0	1	2	3	4	5	6	7
标准蛋白质溶液体积/mL	0	0.5	1.0	1.5	2.0	2.5	3.0	4.0
蒸馏水体积/mL	4.0	3.5	3.0	2.5	2.0	1.5	1.0	0
蛋白质溶液的质量浓度/mg/mL	0	0.125	0.250	0.375	0.500	0.625	0.750	1.00
A_{280}								

2. 样品的测定

取 2 支试管,各加入 1 mL 待测蛋白质样品溶液和 3 mL 蒸馏水,摇匀,仍以 0 号管作为空白对照。通常样品的测定也可与标准曲线的测定同时进行。2 支平行样品试管在波长 280 nm 处测得吸收度后从标准曲线上计算出待测蛋白质的浓度(mg/mL),取平均值。若样品蛋白质浓度不在线性范围内,需调整稀释倍数后重新测定。

五、思考题

1. 本法与其他测定蛋白质含量法相比,有哪些优缺点?
2. 若样品中含有较多的核酸,应如何校正实验结果?

实验五 核酸的定量分析

Ⅰ. 紫外分光光度法测定核酸含量

一、实验目的

1. 掌握紫外分光光度法测定核酸含量的原理;
2. 熟悉紫外分光光度计的使用。

二、实验原理

核酸及其衍生物均能吸收紫外线,这是核酸中嘌呤环和嘧啶环的共轭双键所具有的特性。核酸的紫外吸收峰在波长 260 nm 处。一般在 260 nm 波长下,1 μg/mL 的 RNA 溶液的吸光度为 0.022,1 μg/mL 的 DNA 溶液吸光度约为 0.020,故测定未知浓度 RNA 或 DNA 溶液在 260 nm 的吸光度即可计算出其中核酸的含量。此法操作简便迅速。若样品内混杂有大量的核苷酸或蛋白质等能吸收紫外光的物质,则测定误差较大,故应设法事先除去。

三、试剂与器材

(一)试剂

1. 钼酸铵-高氯酸沉淀剂:在 193 mL 蒸馏水中加入 7 mL 70% 的高氯酸溶液,再加 0.5 g 钼酸铵(即在 2.5% 高氯酸溶液中含有 0.25% 的钼酸铵)。

2. 5% 氨水:用 25%～30% 浓氨水稀释获得。

3. 粗核糖核酸(自己提取或商品核酸)。

(二)器材

1. 紫外分光光度计
2. 冷冻离心机
3. 石英比色皿
4. 容量瓶
5. 烧杯
6. 移液管

四、实验步骤

1. 准确称取 1 g 粗核糖核酸，加少量蒸馏水调成糊状，再加适量的蒸馏水，用 5% 氨水调至 pH 5.8，用蒸馏水定容至 200 mL。

2. 取 2 支离心管，甲管加入 2 mL 核酸样品液和 2 mL 蒸馏水，乙管加 2 mL 核酸样品液和 2 mL 钼酸铵-高氯酸沉淀剂沉淀除去大分子核酸，摇匀，于 4 ℃，3 000 r/min 离心 10 min。从 2 管中分别取上清液 0.5 mL，加蒸馏水定容至 50 mL，然后以乙管定容液作为空白对照，在波长 260 nm 处测得甲管定容液的吸光度，计算样品中 RNA 的含量：

$$RNA\ 的含量 = \frac{\dfrac{甲管\ A_{260}}{0.022}}{样品质量浓度(\mu g/mL)} \times 100\%$$

式中 0.022 为 RNA 的吸光度。在本实验中，定容后粗核糖核酸样品质量浓度为：

$$样品质量浓度 = \frac{1\ g}{\dfrac{200\ mL}{2\ mL} \times \dfrac{4\ mL \times 5\ mL}{0.5\ mL}} = 25\ \mu g/mL$$

代入计算公式后，可把计算公式简化为：

$$RNA\ 的含量 = \frac{甲管\ A_{260}}{0.005\,5} \times 100\%$$

五、思考题

1. 若样品中含有蛋白质，应如何排除干扰？
2. 若样品中含有核苷酸类杂质，应如何校正？
3. 讨论该法测定核酸含量的优缺点。

Ⅱ. 利用糖类的颜色反应测定核酸含量

一、实验目的

1. 学习和掌握用地衣酚法测定 RNA 含量的原理和方法；
2. 学习和掌握用二苯胺法测定 DNA 含量的原理和方法。

二、实验原理

RNA 的核糖基在酸性条件下生成 α-呋喃甲醛，能与地衣酚(3,5-二羟基甲苯)反应，生成绿色复合物，在 660 nm 处有最大吸收峰。在 RNA 的浓度为 10～100 μg/mL 时，吸光度与 RNA 的含量有线性关系，从而可以对 RNA 进行定量分析。此法反应灵敏，但干扰因素多，如蛋白质、多糖、DNA 等的存在均有干扰，因此这些杂质应尽可能事先除去。

DNA 的脱氧核糖在酸性溶液中生成 ω-羟基-γ-酮基戊醛,后者与二苯胺试剂反应生成蓝色化合物,在 595 nm 处有最大吸收峰。在 DNA 的质量浓度为 20~200 μg/mL 时,吸光度与 DNA 的含量呈线性关系。

三、试剂和器材

(一)试剂

1. 地衣酚试剂:称取硫酸铁铵 1.35 g,地衣酚 2 g,用蒸馏水定容至 50 mL 配制成母液保存于冰箱中备用,使用时取母液 2.5 mL,加入 6 mol/L 盐酸 41.5 mL,再加蒸馏水 60 mL。

2. 质量浓度为 1.5% 的二苯胺试剂:1.5 g 二苯胺溶于 100 mL 高纯度的无水乙酸(冰醋酸)中,再加入 1.5 mL 浓硫酸,混合后存于暗处。

3. RNA 标准溶液:称取 10 mg 纯 RNA,用少量蒸馏水溶解(若不溶,可加 2 mol/L NaOH 溶液调至 pH 7.0),定容至 10 mL,得到浓度为 1 mg/mL 的 RNA 母液,使用时取 RNA 母液 1.0 mL,用水稀释至 10 mL 即为 RNA 标准溶液,其浓度为 100 μg/mL。

4. DNA 标准溶液:称取 5.0 mg 纯 DNA,溶于 100 mL 0.005 mol/L NaOH 溶液中,得到浓度为 50 μg/mL 的 DNA 标准溶液。

5. 待测 RNA 和 DNA 样品溶液(浓度需稀释至线性范围内)。

(二)器材

1. 分光光度计   2. 恒温水浴锅

3. 电炉   4. 移液管

5. 试管

四、实验步骤

1. RNA 含量的测定

(1) RNA 标准曲线的绘制

取 6 支试管编号,按表 1.9 加入各试剂,摇匀后于沸水浴中加热 20 min,立即在冷水中冷却,以 0 号管为空白,于 660 nm 测得各管吸光度。然后以吸光度为纵坐标,RNA 的含量(μg)为横坐标,绘制标准曲线。

表 1.9   RNA 浓度标准曲线的绘制

管号	0	1	2	3	4	5
RNA 标准溶液体积/mL	0	0.4	0.8	1.2	1.6	2.0
蒸馏水体积/mL	2.0	1.6	1.2	0.8	0.4	0
地衣酚试剂体积/mL	2.0	2.0	2.0	2.0	2.0	2.0
A_{660}						

(2) RNA 样品的测定

取 1.0 mL 样品液,加 1.0 mL 蒸馏水,再加 2.0 mL 地衣酚试剂。同样在沸水中加热 20 min,仍以上述 0 号管为空白对照,在 660 nm 处测得吸光度,根据标准曲线计算出样品中 RNA 的含量。

$$样品 RNA 含量 = \frac{样品液中测得 RNA 的质量（\mu g）}{样品液中 RNA 的质量（\mu g）} \times 100\%$$

2. DNA 含量的测定

（1）DNA 标准曲线的绘制

取 6 支试管编号,按表 1.10 加入各试剂,摇匀后在沸水浴中加热 10 min,冷却后以 0 号管为空白对照,在 595 nm 处测得各管吸光度。然后以吸光度为纵坐标,DNA 含量（μg）为横坐标绘制标准曲线。

表 1.10　DNA 浓度标准曲线的绘制

管号	0	1	2	3	4	5
DNA 标准溶液体积/mL	0	0.2	0.4	0.6	0.8	1.0
蒸馏水体积/mL	1.0	0.8	0.6	0.4	0.2	0
二苯胺试剂体积/mL	2.0	2.0	2.0	2.0	2.0	2.0
A_{595}						

（2）DNA 样品的测定

取 0.5 mL 样品液,加 0.5 mL 蒸馏水,再加 2.0 mL 二苯胺试剂,同样在沸水中加热 10 min,仍以上述 0 号管为空白对照,在 595 nm 处测得吸光度,根据标准曲线计算出样品中 DNA 的含量。

$$样品 DNA 含量 = \frac{样品中测得的 DNA 质量（\mu g）}{样品液中样品的质量（\mu g）} \times 100\%$$

五、思考题

这两种测定核酸含量的方法主要受哪些因素的干扰?

Ⅲ．定磷法测定核酸含量(钼蓝比色法)

一、实验目的

掌握定磷法测定核酸含量的原理和方法。

二、实验原理

核酸分子中 RNA 含磷量约为 9.0%,DNA 含磷量约为 9.2%,测定其含磷量即可求出核酸含量。核酸分子中的有机磷,经强酸消化成无机磷后与钼酸铵结合,生成黄色的磷钼酸铵,再经还原剂作用变为蓝色物质,在 660 nm 处有最大光吸收峰。在一定范围内蓝色深浅与磷含量成正比,可用比色法测定。若样品中含有无机磷,需要作对照测定以消除无机磷的影响。

三、试剂和器材

（一）试剂

1. 标准磷溶液配制：将分析纯的磷酸二氢钾 110 ℃烘干至恒重，精确称取 0.8775 g，溶解在少量蒸馏水中，再加 10 mol/L 硫酸 5 mL 及氯仿数滴，用蒸馏水定容至 500 mL，即为含磷量为 0.4 mg/mL 的母液，使用前再用蒸馏水稀释 20 倍，配制成标准磷溶液。

2. 定磷试剂：

A. 17％硫酸溶液：17 mL 浓硫酸慢慢加入 83 mL 蒸馏水中。

B. 2.5％钼酸铵溶液：称取钼酸铵 2.5 g，溶于 100 mL 蒸馏水中。

C. 10％抗坏血酸溶液：称取抗坏血酸 2.5 g，溶于 25 mL 蒸馏水中（抗坏血酸溶液呈淡黄色可用，呈棕色后不能用）。

以上溶液配好后，按照 A:B:C:蒸馏水＝1:1:1:2 的比例配成定磷试剂。

3. 5％氨水。

4. 催化剂：粉末硫酸钾-硫酸铜混合物（K_2SO_4:$CuSO_4 \cdot 5H_2O$＝3:1）。

5. 浓硫酸。

6. 粗核酸。

（二）器材

1. 分光光度计	2. 消化炉
3. 消化管	4. 恒温水浴锅
5. 移液管	6. 试管

四、实验步骤

1. 定磷标准曲线绘制

取 9 支试管编号，按表 1.11 加入各种试剂，摇匀后在 45 ℃水浴保温 10 min，冷却后以 0 号管为空白，在 660 nm 处测得吸光度。然后以吸光度为纵坐标，含磷量为横坐标绘制标准曲线。

表 1.11　定磷标准曲线的绘制

管号	0	1	2	3	4	5	6	7	8
标准磷溶液体积/mL	0	0.1	0.2	0.4	0.6	0.8	1.0	1.2	1.4
蒸馏水体积/mL	3.0	2.9	2.8	2.6	2.4	2.2	2.0	1.8	1.6
定磷试剂体积/mL	3	3	3	3	3	3	3	3	3
A_{660}									

2. 总磷的测定

称取粗核酸 0.1 g，用少量蒸馏水溶解（若不溶可用 5％氨水调节至 pH 7.0），转移至 50 mL 容量瓶内，用蒸馏水定容。吸取 1 mL 上述核酸溶液放入消化管中，加入少量催化剂，1.0 mL 浓硫酸及 1 粒玻璃珠，然后在消化炉内消化至溶液呈透明，冷却后取下,把消化液移入 100 mL 容量瓶中,用蒸馏水定容至刻度,摇匀后吸取 3 mL 置于试管中,加 3 mL 定磷试剂,于 45 ℃ 水浴中保温 10 min 后取出,以 0 号管为空白,于 660 nm 处测得吸光度(以 A_1 表示)。

3. 无机磷的测定

吸取核酸溶液 1 mL,稀释至 100 mL,吸取稀释液 3 mL 置于试管中,加 3 mL 定磷试剂,45 ℃ 水浴中保温 10 min,取出测吸光度(以 A_2 表示)。

4. 计算

$$有机磷 = 总磷 - 无机磷 \qquad (即\ A_3 = A_1 - A_2)$$

以 A_3 代入标准曲线查出相当于磷的质量(μg)(X_0),通过有机磷的含量,可以进一步算出核酸的含量:

$$核酸含量 = \dfrac{\dfrac{X_0 \times 1}{测定样品体积(mL)} \times 稀释倍数 \times 11}{样品质量(\mu g)} \times 100\%$$

五、思考题

1. 定磷法测定核酸含量的操作中有哪些关键环节?
2. 试比较 3 类核酸含量测定方法的优缺点。

实验六　维生素 B_2(核黄素)的荧光测定法

一、实验目的

1. 掌握荧光法测定维生素 B_2 的原理和方法;
2. 学习荧光分光光度计的使用方法。

二、实验原理

维生素 B_2(核黄素)在波长 440～500 nm 蓝光照射下发出绿色荧光,在稀溶液中荧光强度与维生素 B_2 的浓度成正比。溶液中可能包含荧光背景而干扰测定,通过加入连二亚硫酸钠($Na_2S_2O_4$)可以将维生素 B_2 还原为无荧光的物质而测出背景荧光强度(图 1.5)。对样品中的维生素 B_2 测定前需要采用一定的提取和预处理步骤,以消除干扰,获得准确的结果。

三、试剂和器材

(一)试剂

1. 0.1 mol/L 盐酸。

2. 1 mol/L 和 0.1 mol/L NaOH 溶液。

3. 20%(20 g/100L)连二亚硫酸钠溶液。

4. 3% 高锰酸钾溶液。

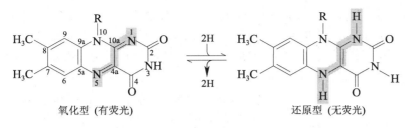

图 1.5 维生素 B$_2$ 的氧化型和还原型

5. 3%(体积分数)过氧化氢溶液。

6. 2.5 mol/L 乙酸钠溶液。

7. 10% 木瓜蛋白酶溶液：用 2.5 mol/L 乙酸钠溶液配制，使用前配制。

8. 维生素 B$_2$ 标准贮备液（25 μg/mL）：将标准品维生素 B$_2$ 真空干燥 24 h 后，准确称取 50 mg，加入 2.4 mL 冰乙酸和 1.5 mL 蒸馏水，在温水中晃动溶解，冷却至室温后稀释并定容至 2 L，移至棕色瓶中，加少许甲苯覆盖于溶液表面，于冰箱中保存。

9. 维生素 B$_2$ 标准使用液（1 μg/mL）：吸取 2.0 mL 维生素 B$_2$ 标准储备液，置于 50 mL 棕色容量瓶中，用蒸馏水稀释至刻度，贮于 4 ℃ 冰箱，可保存 1 周。

10. 待测样品：新鲜猪肝。

（二）器材

1. 荧光分光光度计
2. 高压灭菌锅
3. 恒温培养箱
4. 离心机
5. pH 计
6. 移液管
7. 容量瓶
8. 40 mL 瓷坩埚
9. 锥形瓶
10. 试管
11. 比色皿

四、实验步骤

1. 样品的准备

称取新鲜猪肝 5 g 于 100 mL 锥形瓶中，加入 50 mL 0.1mol/L 的盐酸，搅拌直至颗粒物分散均匀，用瓷坩埚为盖扣住瓶口，于 121 ℃ 高压水解样品 30 min，水解液冷却后用 1 mol/L NaOH 溶液调至 pH 4.5。往水解液中加入 3 mL 10% 木瓜蛋白酶溶液，于 37 ℃ 保温 16 h，将酶解液定容至 100 mL，3 000 r/min 离心 10 min 除去不溶物。

2. 维生素 B$_2$ 的测定

测定采用标准加入法。取 4 支试管编号，1、2 号管为样品管，各加入 4 mL 样品，1 mL 蒸馏水，1 mL 无水乙酸，0.5 mL 3% 高锰酸钾溶液，混匀并放置 2 min，然后各加入 0.5 mL 3% 过氧化氢溶液；3、4 号管为标准加入管，以 1 mL 维生素 B$_2$ 标准使用液代替 1 mL 蒸馏水，其余与 1、2 号管完全相同。所得混合液分别在荧光分光光度计上进行测定,激发光波长设为 430 nm,发射光波长 525 nm,狭缝为 10 nm,测出 1、2 号管的荧光强度并求出其平均值 F_1,3、4 号管的荧光强度平均值 F_2。向 1、2 号管加 0.1 mL 20% 连二亚硫酸钠溶液,立即混匀并测定其荧光强度,求出平均值 F_0。样品中维生素 B_2 的含量:

$$\text{维生素 } B_2\,(\mu g/g) = \frac{F_1 - F_0}{F_2 - F_1} \times \frac{\text{维生素 } B_2 \text{ 标准使用液浓度}(\mu g/mL) \times \text{标准使用液体积}(mL)}{\text{加入样品液体积}(mL)} \times$$

$$\frac{\text{样品液总体积}(mL)}{\text{样品质量}(g)} = \frac{F_1 - F_0}{F_2 - F_1} \times \frac{1}{4} \times \frac{100}{5}$$

五、思考题

1. 说明本实验中高锰酸钾及过氧化氢的作用。

2. 维生素 B_2(核黄素)见光易被破坏,操作时有哪些注意事项?

实验七 食物中维生素 C 的提取和含量测定

一、实验目的

1. 了解维生素 C 含量测定的原理;

2. 掌握从果蔬中提取和测定维生素 C 含量的方法。

二、实验原理

维生素 C 又称抗坏血酸,是不饱和多羟基化合物,属于水溶性维生素,广泛分布于水果、蔬菜中。维生素 C 易溶于水且具有很强的还原性,在空气中不稳定,遇碱、热和重金属离子等极易被氧化破坏,故使用不含氧化剂的稀酸溶液作为提取剂。

利用维生素 C 的还原性可以测定维生素 C 的含量,2,6-二氯酚靛酚法就是其中常用的测定方法。在微酸性环境中,维生素 C 能将呈红色的染料 2,6-二氯酚靛酚还原成无色的还原型 2,6-二氯酚靛酚,同时维生素 C 氧化成脱氢维生素 C(图 1.6)。根据滴定时 2,6-二氯酚靛酚溶液的消耗量,可以计算出被测物质中维生素 C 的含量。

三、试剂和器材

(一)试剂

1. 2% 和 1% 草酸溶液。

2. 抗坏血酸标准溶液(0.1 mg/mL):称取 10 mg 抗坏血酸(应为洁白色,如变为黄色则不能用)溶于 1% 草酸溶液中,稀释并定容至 100 mL,贮于棕色瓶中,4 ℃ 保存。

3. 0.1% 2,6-二氯酚靛酚溶液:称取 250 mg 2,6-二氯酚靛酚溶于 150 mL 含有 52 mg $NaHCO_3$ 的热水中,冷却后加蒸馏水定容至 250 mL,贮于棕色瓶中,4 ℃ 下可保存 1 周,临用时须用标准抗坏血酸溶液标定。

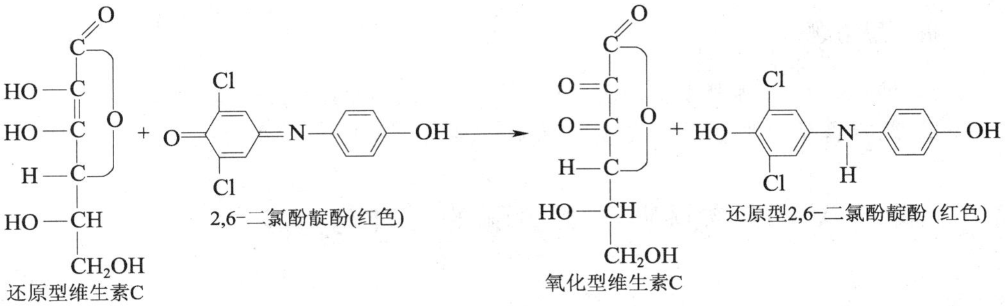

图 1.6　维生素 C 与 2,6-二氯酚靛酚的反应

4. 新鲜苹果。

（二）器材

1. 组织捣碎机　　　　　　2. 离心机

3. 电子天平　　　　　　　4. 移液管

5. 容量瓶　　　　　　　　6. 锥形瓶

7. 酸式滴定管

四、实验步骤

1. 维生素 C 的提取

称取 20 g 新鲜苹果的果肉,加入 10 mL 2% 草酸后打浆,在离心机中以 4 000 r/min 离心 10 min,上清液用 1% 草酸溶液定容至 100 mL。将定容后的样品转移到锥形瓶中,加白陶土 1 匙,充分振荡 5 min 使样品脱色有利于滴定终点的观测,4 000 r/min 再次离心 10 min 除去白陶土,上清液为待测样品溶液。

2. 标准液滴定

准确吸取标准抗坏血酸溶液 1 mL 于 50 mL 锥形瓶中,加 9 mL 1% 草酸,以 0.1% 2,6-二氯酚靛酚溶液滴定至淡红色并保持 15 s 不褪色,即达滴定终点;另取 10 mL 1% 草酸作空白对照,按以上方法滴定。由所用染料的体积计算出 1 mL 染料相当于抗坏血酸的 mg 数:

$$滴定度\ T(mg/mL) = \frac{维生素 C 浓度(mg/mL) \times 维生素 C 体积(mL)}{标准液消耗 2,6-二氯酚靛酚体积(mL) - 空白消耗 2,6-二氯酚靛酚体积(mL)}$$

3. 样品滴定

准确吸取待测样品溶液两份于 2 个锥形瓶内,每份 10 mL,以 0.1% 2,6-二氯酚靛酚溶液滴定至淡红色,计算出平均消耗体积 V_1,另取 10 mL 1% 草酸作空白对照进行滴定,消耗体积 V_2。由此计算水果样品中维生素 C 含量:

$$维生素 C 含量(mg/g 样品) = (V_1 - V_2) \times T \times \frac{样品总体积(mL)}{滴定样品体积(mL)} \times \frac{1}{水果样品质量（g）}$$

1. 维生素 C 有哪些重要的理化性质？为什么用草酸溶液提取维生素 C？
2. 测定食品中维生素 C 含量时受哪些因素的影响？

实验八 植物材料中总黄酮的提纯与鉴定

一、实验目的

1. 了解从植物材料中提取黄酮类物质的方法；
2. 掌握总黄酮含量分析的方法。

二、实验原理

黄酮类化合物广泛存在于自然界尤其是植物界，是以黄酮(2-苯基色原酮)为母核衍生而来的一类化合物，在植物体内大部分与糖类结合成为糖苷形式，也有以游离形式存在的。天然黄酮类化合物母核上常含有羟基、甲氧基、烷氧基和异戊烯氧基等取代基。由于这些助色团的存在，使该类化合物多显黄色或淡黄色故称为黄酮。此类物质具有抗氧化、预防与治疗心脑血管疾病等多种功效，在天然药物开发中深受关注。

大部分黄酮类物质易溶于水、乙醇和乙醚等物质，可以用一定浓度的乙醇进行提取。利用黄酮类物质在碱性条件与亚硝酸钠、硝酸铝等溶液反应产生有色物质，可以建立起吸光度与浓度的对应关系，从而测定样品中总黄酮的含量。在标准曲线制作时，一般以芦丁为标准样品。

三、试剂和器材

（一）试剂

1. 标准芦丁溶液(0.1 mg/mL)。
2. 无水乙醇。
3. 5％亚硝酸钠溶液。
4. 10％硝酸铝溶液。
5. 10％NaOH 溶液。
6. 新鲜芹菜叶或干燥植物材料。

（二）器材

1. 分光光度计　　　　　　　　　2. 过滤装置
3. 容量瓶　　　　　　　　　　　4. 烧杯
5. 比色皿

四、实验步骤

1. 标准曲线的绘制

取 7 个 10 mL 容量瓶编号，如表 1.12 分别加入不同体积标准芦丁溶液，再各加入 5％亚硝酸钠溶液 0.3 mL,摇匀后静置 6 min;然后加入 10％硝酸铝溶液 0.3 mL,摇匀后静置 6 min;最后加入 10％ NaOH 溶液 4.0 mL,并用 60％乙醇稀释至刻度,摇匀,静置 12 min 后以 0 号容量瓶中溶液作空白对照,于 510 nm 处测定吸光度。然后以吸光度为纵坐标,芦丁浓度为横坐标,绘制标准曲线。

表 1.12　黄酮浓度标准曲线的绘制

管号	0	1	2	3	4	5	6
标准芦丁溶液体积/mL	0	0.5	1.0	2.0	3.0	4.0	5.0
5％亚硝酸钠溶液体积/mL	0.3	0.3	0.3	0.3	0.3	0.3	0.3
	摇匀,静置 6 min						
10％硝酸铝溶液体积/mL	0.3	0.3	0.3	0.3	0.3	0.3	0.3
	摇匀,静置 6 min						
4％ NaOH 溶液体积/mL	4.0	4.0	4.0	4.0	4.0	4.0	4.0
	用 60％乙醇稀释至刻度,摇匀,静置 12 min						
A_{510}							

2. 总黄酮的提取

取新鲜芹菜叶或干燥植物材料,烘干后粉碎。称取粉末 5 g,加 40 mL 60％乙醇,超声波提取 30 min,抽滤。往滤渣中再加 40 mL 60％乙醇,再次超声波提取 30 min,抽滤后合并两次滤液,用 60％乙醇定容至 100 mL,得待测样品液。

3. 提取物总黄酮含量的测定

吸取待测样品液 1 mL,置于 10 mL 容量瓶中,按制作标准曲线的方法依次添加各种试剂并反应,定容后以表 1.12 中 0 号容量瓶为空白,测定其 510 nm 处吸光度,根据标准曲线计算出样品液中总黄酮的质量浓度(mg/mL),并进一步计算出每克植物样品粉末中总黄酮的含量。

五、思考题

1. 从植物材料中提取生物活性分子有哪些常用的方法?
2. 分析用本实验方法测定总黄酮时的误差来源。

第二篇

生物大分子的性质研究

7 糖类的理化性质

糖类(carbohydrate)包括单糖、单糖的衍生物、寡糖、多糖和复合糖。单糖是多羟基醛、多羟基酮及它们的环状半缩醛或衍生物;寡糖和多糖为单糖经糖苷键缩合连接而成的聚合物;复合糖是糖类与其他化合物如蛋白质或脂质经糖苷键、酯键或酰胺键连接成的缀合物。糖类的某些重要理化性质被利用来对它们进行定性定量分析。

7.1 物理性质

(1)溶解性

单糖分子含有许多亲水性基团,因此易溶于水,不溶于乙醚、丙酮等非极性有机溶剂。当单糖聚合成寡糖和多糖后,随聚合度的提高,在水中的溶解度不断降低,但由于大量亲水基团的存在,它们都具有很强的持水力。有些多糖能溶于冷水,有些多糖虽不能溶于冷水,但在热水中却能溶解,另一些多糖则不溶于水。

(2)旋光性

旋光性是指物质使偏振光平面发生偏转的性质。单糖分子中存在不对称碳原子,其溶液具有旋光性。旋光性的大小由比旋光度来衡量,比旋光度是指在一定波长和温度下,平面偏振光透过光径 1 dm,浓度为 1 g/100 mL 的旋光物质溶液时偏振光的偏转角度,用 $[\alpha]_D^t$ 表示:

$$[\alpha]_D^t = \frac{\alpha \times 100}{L \times c}$$

式中:D 表示钠光;t 为温度,通常在 20 ℃进行测定;α 为旋光度,即偏振光经过旋光物质溶液后的偏转角度;L 为旋光管的长度(dm);c 为旋光溶液的浓度(g/100 mL)。比旋光度在一定条件下是一个常数,每种糖类物质都有特征性的比旋光度,据此可鉴别糖类物质的纯度。而对于特定糖类溶液,根据上述公式还可以计算糖类溶液的浓度。

7.2 单糖的氧化反应

醛糖的醛基具有还原性,能被氧化成羧基,许多酮糖的酮基受相邻羟基的影响也具有还原性,因此单糖都是还原糖,易发生氧化反应。根据单糖的氧化反应可进行糖类的定性定量分析。在碱性条件下,还原糖的醛基或酮基会转化成活泼的烯醇式结构,具有较强的还原性,可以被斐林（Fehling）试剂、本尼迪克特（Benedict）试剂、3,5-二硝基水杨酸（DNS）试剂等弱氧化剂所氧化。还原糖在碱性溶液中的氧化还原反应常被用作糖类定性定量分析的依据。

斐林试剂由 $CuSO_4$、$NaOH$ 和酒石酸钾钠组成，本尼迪克特试剂由 $CuSO_4$、Na_2CO_3 和柠檬酸组成，试剂中的酒石酸钾钠或柠檬酸用于螯合 Cu^{2+}，防止形成 $Cu(OH)_2$ 沉淀。斐林反应和本尼迪克特反应都使还原糖氧化成糖酸，并使 Cu^{2+} 还原成氧化亚铜砖红色沉淀，从而可以进行还原糖的检验，但由于所用的碱性条件有可能会使糖的碳骨架断裂和分解，因此不能准确给出定量的糖酸产物。在一些定性实验，如 α-淀粉酶和蔗糖酶作用的专一性（见实验十四）等实验中，就是采用本尼迪克特试剂检测反应所产生的还原糖。

DNS 试剂在有还原糖存在时分子内硝基还原成氨基，溶液变为棕红色，在一定的还原糖浓度范围内，颜色的深浅与还原糖的含量成正比，因此可用于测定还原糖的含量。在还原糖含量的测定（见实验一）及蔗糖酶米氏常数的测定（见实验十六）等实验中，就是采用 DNS 试剂测定还原糖的含量。

7.3 单糖的强酸脱水和颜色反应

在强酸作用下，单糖受热脱水生成糠醛或糠醛衍生物，其中戊糖生成糠醛，己糖生成羟甲基糠醛。糠醛或羟甲基糠醛可以与某些多元酚作用生成有色缩合物，因此可用于糖类的定性定量分析（见实验九）。常用的反应有：

（1）Molish 反应：糖在强酸作用下脱水生成的糠醛或糠醛衍生物能与 α-萘酚反应生成紫红色缩合物。Molish 反应可用于鉴别糖类的存在。

（2）Seliwanoff 反应：酮糖在强酸作用下脱水生成的羟甲基糠醛能与间苯二酚反应生成红色缩合物。由于醛糖的脱水反应很慢，因此仅产生很浅的红色。由此可鉴别酮糖和醛糖。

（3）Bial 反应：戊糖在强酸作用下脱水生成的糠醛能与甲基间苯二酚（又称地衣酚或苔黑酚）反应生成蓝绿色缩合物，从而可用于鉴别戊糖。此反应常用来测定 RNA 含量（见实验五和实验二十二）。

（4）Tollen 反应：戊糖在强酸作用下脱水生成的糠醛能与间苯三酚反应生成深红色物质，由此可以鉴定戊糖的存在。己糖也能发生此反应，但显色速度要慢得多。

（5）蒽酮反应：糖类在强酸作用下脱水生成的糠醛及其衍生物与蒽酮缩合生成蓝绿色复合物，在一定的糖类浓度范围内，颜色的深浅与糖类的含量成正比，因此可用于总糖含量的测定。

7.4 多糖的水解

多糖在酸或酶的作用下可以发生水解生成寡糖或单糖。多糖水解酶种类很多，有的酶在多糖链的内部进行水解，即为内切酶，内切酶作用后多糖链的聚合度迅速降低，作用到一定程度后还原糖含量开始增加；有的酶从多糖链的非还原端开始向内依次水解，即为外切酶，外切酶作用后还原糖含量迅速增加，而糖链聚合度降低较慢。

在各种多糖中，淀粉的水解最为重要。常见的淀粉酶有 α-淀粉酶（又称液化酶，为内切酶）、β-淀粉酶（为外切酶）、γ-淀粉酶（又称葡萄糖淀粉酶或糖化酶，为外切酶）、异淀粉酶（又称脱支酶，为内切酶）等。淀粉的完全水解产物是葡萄糖，不完全水解产物则有糊精、寡糖和麦芽糖等。糊精是淀粉从轻度水解直到变成寡糖之间的各种不同相对分子质量中间产物的总称。糊精遇

50%～70%的酒精会沉淀析出,因此可以用酒精沉淀了解淀粉的水解进程。淀粉遇碘显深蓝色,不同聚合度的糊精遇碘显示不同的颜色,随聚合度变小,依次为蓝色、紫色、红色、浅红色和无色,因此可以用碘显色反应了解淀粉的水解程度,分析淀粉内切酶如 α-淀粉酶、唾液淀粉酶的酶活(见实验十四、十五、十八)。而淀粉外切酶,如糖化型淀粉酶的酶活测定中,多糖链的聚合度不会明显降低,而还原糖含量却会显著提高,因此通过碘量法测定反应产生的葡萄糖含量,用还原糖量或葡萄糖值表示淀粉的水解程度(见实验十九)。葡萄糖值(DE值)指的是试样中还原糖总量占样品中干物质的质量分数。

8 脂质的理化性质

脂质(lipid)是一类难溶于水而易溶于非极性溶剂的生物分子。绝大多数脂质都是由脂肪酸(fatty acid)和醇所形成的酯类及其衍生物。脂质的理化性质是其定性定量分析的依据。

8.1 物理性质

(1)溶解性:脂肪酸由极性羧基和非极性烃基组成,这赋予它亲水性和疏水性。脂肪酸的物理性质很大程度上取决于烃链的长度和不饱和程度。短链脂肪酸略溶于水。烃链越长,它在水中的溶解度越低。当烃链长度相同时,有无不饱和键对脂肪酸的溶解度影响不大。生物体内天然存在的游离脂肪酸常通过与蛋白质载体相结合而溶解在水溶性环境中。脂肪或油脂即甘油三酯(triglyceride),或称三酰甘油(triacylglycerol),一般不溶于水,易溶于有机溶剂如乙醚、石油醚、氯仿和苯等。由低级脂肪酸构成的脂肪能在水中溶解。经乳化剂如胆酸盐等作用后,脂肪可以在水中形成乳状液。磷脂因含有甘油和磷酸,因此它可溶于水。它还含有脂肪酸,因此也可溶于脂溶剂。但磷脂不同于其他脂类,不溶于丙酮。根据此特点,可将磷脂和其他脂类分开。胆固醇不溶于水而溶于脂溶剂,可与卵磷脂或胆盐在水中形成乳状物。胆固醇溶于氯仿,加醋酸酐与浓硫酸少许即成蓝绿色,这是胆固醇定性检验方法的原理。

(2)熔点:脂肪酸的熔点受烃链长度和不饱和程度的影响。烃链越长,熔点越高。不饱和脂肪酸的双键越多,熔点越低。脂肪没有明确的熔点,只有大概的范围,其熔点取决于脂肪酸链的长短及其双键数目的多少。脂肪酸的碳链越长,则熔点越高,双键能显著地降低脂肪的熔点。

8.2 甘油三酯的水解和皂化

甘油三酯的酯键在酸、碱或脂酶的作用下能发生水解,生成甘油和脂肪酸。如果在碱性溶液如 KOH 中水解,则生成甘油和水溶性的脂肪酸盐,俗称皂。因此甘油三酯的碱水解被称为皂化作用。皂化 1 g 甘油三酯所需的 KOH 的质量(mg)称为皂化值或皂化价。由于皂化 1 mol 甘油三酯需要 3 mol KOH,根据皂化价可以求出甘油三酯的平均相对分子质量:

$$\overline{M_r} = \frac{3 \times 56 \times 1\,000}{\text{皂化价}}$$

8.3 不饱和脂肪酸的化学性质

游离的不饱和脂肪酸及甘油三酯中的不饱和脂肪酸可以与氢或卤素起加成反应。在催化剂如镍的存在下,不饱和脂肪酸的双键与氢发生加成反应而变为饱和脂肪酸,称为氢化作用。不饱和脂肪酸的双键与卤素,如溴或碘发生加成反应而变为饱和的卤化脂肪酸,称为卤化作用。每 100 g 甘油三酯卤化时所吸收的碘的质量(g)被称为碘值或碘化价。甘油三酯所含的不饱和脂肪酸越多,或不饱和脂肪酸所含的双键越多,碘值越高。碘值的大小在一定范围内反映了脂肪酸的不饱和程度,因此碘值是油脂检测的一个重要指标(见实验十)。各种油脂的碘值大小和变化范围是一定的,几种油脂的碘值列于表 2.1。

表 2.1　几种油脂的碘值

名称	碘值	名称	碘值
亚麻籽油	175～210	花生油	85～100
鱼肝油	154～170	猪油	48～64
棉籽油	104～116	牛油	25～41

　　游离的不饱和脂肪酸及甘油三酯中的不饱和脂肪酸还可以发生氧化作用和过氧化作用。在常温常压下,空气中的氧分子会引起不饱和脂肪酸的氧化,产生的过氧化物会进一步降解,产生挥发性的短链酸、醛、酮类化合物。除此之外,微生物包括各种细菌、霉菌所产生的脂肪酶和过氧化物酶也会引起油脂的分解和脂肪酸的氧化,产生挥发性的低级酮,且甘油会氧化生成具有异味的 1,2-环氧丙醛。这些氧化和过氧化产物都能使油脂散发出刺激性的臭味,这种现象称为酸败作用。酸败使得油脂的营养价值遭到破坏,并产生有毒的过氧化物。多不饱和脂肪酸在体内也容易氧化而生成过氧化脂质,从而破坏机体功能。酸败程度用酸值表示,酸值即中和 1 g 油脂中的游离脂肪酸所需的 KOH 的质量(mg)。

8.4　羟基脂肪酸的酰基化

　　羟基脂肪酸或含羟基脂肪酸的甘油三酯能与乙酸酐或其他酰基化试剂作用形成酰化脂肪酸或酰化甘油三酯。羟基化程度可以用乙酰化值表示,乙酰化值即中和从 1 g 乙酰化产物中释放的乙酸所需要 KOH 的质量(mg)。脂肪酸或甘油三酯所含羟基越多,乙酰化值越高。

9　蛋白质的理化性质

　　蛋白质(protein)是由氨基酸组成的,具有特定空间构象和生物学功能的生物大分子,是生物功能的主要载体,其种类繁多,结构和功能多样。蛋白质具有的一些共同性质被用于对蛋白质进行定性定量分析,或用于分离纯化蛋白质。

9.1　胶体性质

　　蛋白质相对分子质量很大,一般为 $10～1\,000×10^3$,颗粒大小为 1～100 nm,达到胶体粒子范围,因此在水溶液中呈现胶体性质,具有丁达尔现象、布朗运动、半透膜不透性等特征。

　　蛋白质形成亲水胶体的基本稳定因素为蛋白质表面的水化膜和表面同性电荷所形成的双电层。蛋白质分子表面含有很多亲水基团,如氨基、羧基、羟基、巯基、酰胺基等,能强烈地吸引水分子,使蛋白质分子表面形成一层水化膜,将各蛋白质分子分隔开,阻止分子间相互聚集。水化膜的厚度与分子表面亲水基团的多少和分布有关。而当溶液 pH 不在其等电点时,同种蛋白质分子带有同性电荷,会进一步吸引溶液中带相反电荷的离子,在分子表面形成双电层,导致颗粒间相互排斥,防止蛋白质分子间相互聚集,从而形成稳定的亲水胶体。

根据蛋白质分子不能透过半透膜的特性,将含有小分子杂质的蛋白质溶液放入透析袋内,置于流动的水或适当的缓冲液中,小分子杂质就会从袋内透出,而蛋白质仍保留在袋内,这就是透析(dialysis)。超滤(ultrafiltration)是另一种常用于蛋白质提纯的膜分离技术,除了能够去除小分子杂质,还能除去水,达到浓缩蛋白质溶液的目的。

9.2 两性解离和等电点

组成蛋白质的 20 种氨基酸具有大量可解离基团,其中 $\alpha-COOH$ 的 pK 为 1.8~2.9,$\alpha-NH_2$ 的 pK 值为 8.8~10.9,两种酸性氨基酸天冬氨酸和谷氨酸侧链$-COOH$ 的 pK 值分别为 3.9 和 4.1;碱性氨基酸精氨酸侧链胍基、赖氨酸 $\varepsilon-NH_2$ 和组氨酸咪唑基的 pK 值分别为 12.5、10.5 和 6.0。当氨基酸形成肽键,只有其侧链基团和末端的 $\alpha-NH_2$ 和 $\alpha-COOH$ 可以解离,这些基团使得蛋白质具有两性解离性质。因此蛋白质和氨基酸一样,也是两性电解质,在溶液中可呈现为阳离子、阴离子或兼性离子状态,这取决于溶液的 pH 和蛋白质可解离基团的性质与数量。使蛋白质所带正负电荷值相等,即净电荷为零时的溶液 pH 即为该蛋白质的等电点(pI)。蛋白质在溶液中的解离平衡如图 2.1 所示。由于各蛋白质的等电点不同,在同一 pH 的缓冲液中,各蛋白质所带电荷的性质和数量不同,利用这种电荷上的差异,可以通过离子交换层析或电泳技术对蛋白质进行分离纯化和纯度分析。另外,蛋白质溶液在等电点时溶解度降到最低,据此可以粗略检测其等电点(见实验十二)。当然并不是任何蛋白质在等电点都一定会沉淀,因此对等电点的精确测定需要等电聚焦等更为精密的技术。

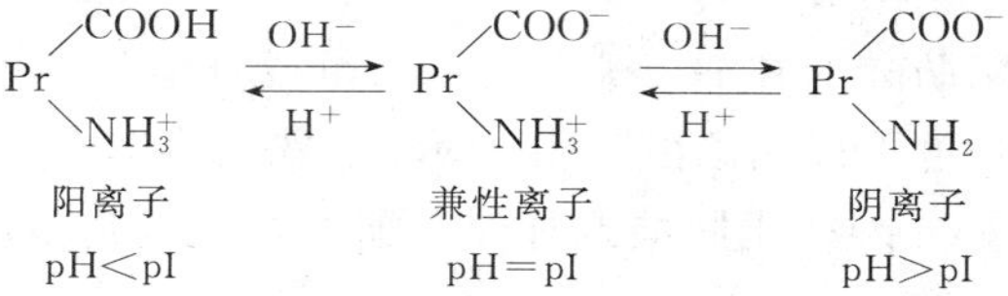

图 2.1 蛋白质在溶液中的解离和离子状态

9.3 沉淀作用

蛋白质胶体溶液的稳定性是相对的,若改变环境条件,破坏其表面的水化膜或中和其所带的同性电荷,便会失去稳定性,发生絮凝沉淀,这就是蛋白质的沉淀作用。蛋白质的沉淀作用分为可逆沉淀和不可逆沉淀。前者蛋白质沉淀时不发生变性,常用于分离有活性的天然蛋白质;后者蛋白质沉淀时发生变性,可用于从生物制品中除去蛋白质。使蛋白质发生沉淀的方法很多,主要包括下面几种方法:

(1) 盐析:低浓度的盐溶液能促使蛋白质溶解度增加,称为盐溶,其原因在于离子的存在促进了蛋白质表面双电层的形成和稳定。但是往蛋白质溶液中加入大量中性盐时,蛋白质会从溶液中沉淀出来,称为盐析,其原因在于大量离子的存在对蛋白质颗粒产生脱水和去电荷作用,从而破坏了蛋白质颗粒表面的水化膜和双电层,使蛋白质胶体溶液变得不稳定,溶解度降低而沉淀出来。盐析后的蛋白质加水稀释后可重新溶解,但是往往需要通过透析或凝胶过滤层析来脱盐。常用于盐析的中性盐有硫酸铵、硫酸钠和氯化钠等。盐析时若把溶液的 pH 调节至该蛋白质的等电点,则沉淀效果会更好。由于各种蛋白质的颗粒大小及亲水性的不同,在盐析时所需盐浓度也不一致。因此调节中性盐浓度,可使不同的蛋白质分段析出,达到分离提纯的目的,这种方法称为分级盐析。

(2)有机溶剂沉淀:乙醇、甲醇和丙酮等极性有机溶剂可与蛋白质争夺水分子而破坏蛋白质的水化膜,同时有机溶剂的介电常数很低,会使蛋白质分子间的相互作用增强,导致蛋白质发生聚集沉淀。如果把溶液 pH 调节到蛋白质的等电点,则沉淀作用更加完善。但是在室温下采用有机溶剂沉淀,往往会导致蛋白质发生变性,因此采用该方法时,有机溶剂和蛋白质溶液都需要预冷,低温下蛋白质变性缓慢。由于有机溶剂很易通过蒸发去除,不引入杂质,因此优于盐析。

此外,重金属盐沉淀法、生物碱试剂沉淀法等都是常用的蛋白质变性沉淀方法。

9.4 变性作用

天然蛋白质分子受到某些理化因素作用,有序的空间结构被破坏,导致生物活性丧失和理化性质改变,但一级结构并未破坏,这种现象称为蛋白质的变性作用(denaturation)。变性的实质是蛋白质分子中的次级键(氢键、离子键和疏水作用等)发生断裂,而形成一级结构的共价键(肽键和二硫键)并不受影响。

蛋白质变性后会发生一系列变化。最主要的特征是生物活性丧失,如酶的催化活性消失。此外一些理化性质也发生改变,主要是疏水基团外露使得蛋白质的溶解度降低,易发生凝聚沉淀,而且蛋白质的黏度增加,扩散系数降低,旋光性改变,光吸收性质增加,失去结晶能力。变性的蛋白质也更易被蛋白酶水解。蛋白质的变性和沉淀有一定的相关性(见实验十三),但蛋白质变性后并不一定发生沉淀,沉淀的蛋白质也不一定发生变性。

能使蛋白质变性的物理因素主要有加热、冷冻、高压、剧烈振荡、搅拌、超声波、紫外线和 X 射线的照射等。化学因素主要有强酸、强碱、尿素、盐酸胍、去污剂、重金属盐、生物碱试剂和有机溶剂等。蛋白质的变性有时是可逆的,解除使蛋白质变性的条件后,蛋白质能恢复其原有性质。除去变性因素后,变性蛋白质重新恢复到天然构象的过程称为蛋白质的复性作用。但是蛋白质也可能发生不可逆变性,即便解除使蛋白质变性的条件,蛋白质也不能恢复其原有性质。加热是蛋白质变性的主要因素,因此在活性蛋白质的提取过程中,应保证在低温下操作。

9.5 颜色反应

蛋白质的侧链基团或主链结构中的一些特定基团可以与某些试剂反应,产生有色物质,利用这些反应可以对蛋白质进行定性或定量分析(见实验四和实验十一)。蛋白质的常见颜色反应见表 2.2。

表 2.2　蛋白质的颜色反应

反应名称	试剂	颜色	反应基团专一性
双缩脲反应	$NaOH$,$CuSO_4$	紫色或粉红色	两个以上肽键
米伦反应	$HgNO_3$,$Hg(NO_3)_2$,HNO_3	红色	Tyr

反应名称	试剂	颜色	反应基团专一性
黄色反应	浓 HNO_3，NH_3	黄色，橘黄色	Tyr，Phe
乙醛酸反应	乙醛酸试剂，浓 H_2SO_4	紫色	Trp
坂口反应	α－萘酚，NaClO	红色	Arg
Folin－酚反应	碱性 $CuSO_4$，磷钨酸－钼酸	蓝色	Tyr，Trp
茚三酮反应	茚三酮	蓝色	蛋白质，氨基酸
醋酸铅反应	醋酸铅，NaOH	黑色	Cys

9.6　紫外吸收性质

蛋白质分子中的酪氨酸、苯丙氨酸和色氨酸有共轭双键体系，在近紫外区具有吸收特性。其中酪氨酸的最大吸收峰在 275 nm，摩尔消光系数为 1.4×10^3 L·mol^{-1}·cm^{-1}；苯丙氨酸的最大吸收峰在 257 nm，摩尔消光系数为 2.0×10^2 L·mol^{-1}·cm^{-1}；色氨酸的最大吸收峰在 280 nm，摩尔消光系数为 5.6×10^3 L·mol^{-1}·cm^{-1}。由于色氨酸是蛋白质紫外吸收特性的最大贡献者，因此蛋白质在 280 nm 有最大吸收峰，其吸光度与蛋白质含量成正比。此外，蛋白质在 238 nm 的吸光度与肽键含量成正比。利用这些比例关系，可以进行蛋白质含量的测定。

紫外吸收法测定蛋白质含量简便、快速、灵敏且不消耗样品，盐和大多数缓冲液都不干扰测定，因此此法常用于蛋白质柱层析分离中的在线连续检测。但是如果待测蛋白质与标准蛋白质的色氨酸和酪氨酸含量差异较大，会导致蛋白质含量的测定出现一定误差。而其他具有紫外吸收特性的物质，如核酸等，更会对测定结果造成较大干扰，因此测定的准确性较差，必须通过适当的校正来降低干扰。

10　核酸的理化性质

核酸(nucleic acid)是由核苷酸(nucleotide)聚合而成的生物大分子，分为脱氧核糖核酸(DNA)和核糖核酸(RNA)。DNA 是生物体主要的遗传物质，RNA 不仅参与蛋白质的生物合成，还具有其他一些重要功能。核酸具有一些特殊的性质，这些性质可用于核酸的定性定量分析或分子遗传学研究。

10.1　物理性质

DNA 为白色絮状固体，RNA 为白色粉末。核酸极易溶于水，难溶于有机溶剂，因此常用有机溶剂作沉淀剂提取核酸。

10.2　紫外吸收性质

由于嘌呤和嘧啶具有共轭双键结构，使得碱基、核苷、核苷酸和核酸在波长 240～290 nm 处均有强烈的紫外吸收特性，其最大吸收峰在 260 nm 左右。根据不同核苷酸紫外吸收特性的差异，可以用紫外分光光度法对核苷酸进行定性鉴定和定量测定。根据核酸的紫外吸收特性，还可以对 DNA 和 RNA 进行纯度鉴定和含量测定。而 DNA 在天然、变性和降解条件下，对紫外光的吸收值不同,由此可以判断 DNA 的状态。

核酸样品的纯度可以用紫外分光光度法进行鉴定。纯 DNA 的 $A_{260}/A_{280}=1.8$,纯 RNA 的 $A_{260}/A_{280}=2.0$。DNA 样品中若含有 RNA,则 $A_{260}/A_{280}>1.8$;核酸样品中若含有蛋白质,则 A_{260}/A_{280} 下降。因此根据该比值可以判断核酸样品的纯度。

对于纯的核酸样品,可以进一步用紫外分光光度法测定含量(实验五)。DNA 和 RNA 的含量分别按下面的公式计算:

$$DNA(\mu g/mL)=A_{260}/0.020$$
$$RNA(\mu g/mL)=A_{260}/0.022$$

当 DNA 发生变性,从双链转变成单链时,紫外吸收值会增加约 25%,称为增色效应;变性 DNA 发生复性,重新恢复双螺旋结构后,紫外吸收值又会降低,称为减色效应。发生增色效应和减色效应的原因在于 DNA 双螺旋结构中碱基对因碱基堆积作用而造成 π 电子云重叠,降低了碱基对 260 nm 紫外光的吸收。单链 DNA 被降解成单核苷酸后,紫外吸收值会进一步增加。因此对于 DNA 而言,A_{260} 的大小有如下关系:单核苷酸>单链 DNA>双链 DNA,可通过 A_{260} 的变化判断 DNA 是否发生变性或降解。

10.3　显色反应

核酸分子中包含的戊糖基和磷酸均可以发生显色反应,这些反应是核酸定性定量分析的依据(实验五)。其中核糖与甲基间苯二酚的反应被用于 RNA 含量的测定,脱氧核糖与二苯胺试剂的反应被用于 DNA 含量的测定。而利用核酸中磷元素含量的恒定,通过定磷试剂的显色反应可以测定核酸含量。

10.4　变性和复性

核酸的变性是指在某种理化因素作用下,核酸分子中双螺旋区碱基对间的氢键断裂及堆积碱基间的疏水相互作用被破坏,核酸分子由双链变为单链,但不发生共价键的断裂。变性后核酸分子的理化性质发生变化,包括紫外吸收值增加(即增色效应)、黏度降低、浮力密度增加、比旋光度下降等。引起核酸变性的因素主要有高温、强酸强碱、有机溶剂等。

核酸的热变性发生在一个很窄的温度范围内,称为变性温度或熔解温度、熔点(melting temperature,T_m)。加热 DNA 溶液,DNA 双链发生解旋而变性,其对 260 nm 紫外光的吸收值突然增加,核酸紫外吸收增加值达到总增加值的一半时的温度即为变性温度 T_m。核酸的 T_m 值受多个因素影响,包括 GC 对含量,溶液离子强度等。由于 RNA 也有局部的双螺旋区,因此也会变性,但 T_m 值较低,且发生熔解的温度范围较宽。

变性 DNA 的两条链通过碱基配对重新形成双螺旋的过程为复性(renaturation)。复性后某些理化性质及生物学活性可以得到部分或全部恢复,如核酸的紫外吸收值降低(即减色效应)、黏度增加等。热变性的 DNA 从高温缓慢冷却的过程称为退火(anneal),退火可使解螺旋 DNA 复性;而热变性 DNA 从高温迅速冷却至低温(<4 ℃)称为淬火(guench),淬火使 DNA 保持单链变性状态,不能复性。核酸的变性、复性在分子生物学研究中具有广泛的应用。两条来源不同的单链核酸(DNA 或 RNA)如果具有大致相同的互补碱基序列,经退火处理即可复性形成新的杂

交双螺旋,称为核酸的分子杂交(hybridization)。核酸杂交在分子生物学中应用很广,可以确定或寻找不同物种中具有同源序列的 DNA 或 RNA 片段。

11 实验部分

实验九　糖类的呈色反应

一、实验目的

1. 了解糖类呈色反应的原理;
2. 掌握通过呈色反应鉴定糖类物质的方法。

二、实验原理

糖类在强酸的作用下脱水,戊糖生成糠醛,己糖生成羟甲基糠醛,这些糠醛及其衍生物能够与多种酚类物质发生反应,呈现出不同的颜色(图 2.2)。其中不同的酚类物质与这些糠醛类物质反应时在反应速率和专一性方面存在差异,因此呈色反应不仅能够鉴定糖类的存在,还能鉴别不同类型的糖类,部分常见的呈色反应及其能够鉴别的糖类的类型列于表 2.3。

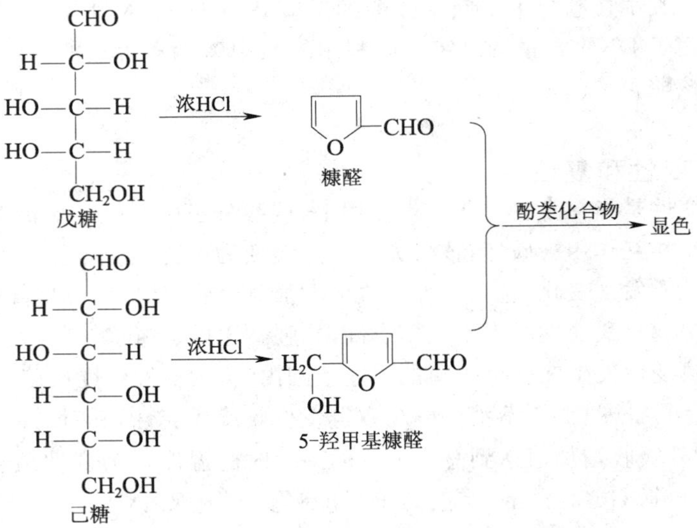

图 2.2　糖类的强酸脱水和呈色反应

表 2.3　糖类的呈色反应类型

反应名称	糖类的类型	酚试剂种类	呈现颜色	干扰物质
Molisch 反应	所有糖类	α-萘酚	紫红色	糖类的衍生物,丙酮,甲酸等
Seliwanoff 反应	酮糖	间苯二酚	红色	醛糖

反应名称	糖类的类型	酚试剂种类	呈现颜色	干扰物质
Bial 反应	戊糖	甲基间苯二酚	蓝绿色	己糖,糖类的衍生物
Tollen 反应	戊糖	间苯三酚	深红色	己糖,糖类的衍生物

三、试剂和器材

（一）试剂

1. Molisch 试剂：称取 5 g α-萘酚用 95％乙醇溶解并定容至 100 mL，新鲜配制，棕色瓶贮存。

2. Seliwanoff 试剂：称取 50 mg 间苯二酚溶于 33％（体积分数）的盐酸并定容至 100 mL，新鲜配制。

3. Bial 试剂：称取 0.3 g 地衣酚溶于 100 mL 浓盐酸并滴加 5 滴 10％三氯化铁溶液混匀。

4. Tollen 试剂：取 2％间苯三酚的 95％乙醇溶液 3 mL，缓缓加入浓盐酸 15 mL 及蒸馏水 9 mL 并混匀，新鲜配制。

5. 1％蔗糖溶液：称取 1 g 蔗糖，溶于蒸馏水并定容至 100 mL。

6. 1％葡萄糖溶液：称取 1 g 葡萄糖，溶于蒸馏水并定容至 100 mL。

7. 1％淀粉溶液：称取 1 g 可溶性淀粉与少量蒸馏水混合成浆状，然后缓缓倒入煮沸的蒸馏水中，边加边搅拌，最后用沸水定容至 100 mL。

8. 1％果糖溶液：称取 1 g 果糖，溶于蒸馏水并定容至 100 mL。

9. 1％半乳糖溶液：称取 1 g 半乳糖，溶于蒸馏水并定容至 100 mL。

10. 1％阿拉伯糖溶液：称取 1 g 阿拉伯糖，溶于蒸馏水并定容至 100 mL。

（二）器材

1. 电炉	2. 移液管
3. 试管	4. 滤纸

四、实验步骤

1. Molisch 反应

取 4 支试管编号，前 3 支分别加入 1％蔗糖溶液、1％葡萄糖溶液和 1％淀粉溶液 1 mL，第 4 支试管放入少量滤纸碎片和 1 mL 蒸馏水，然后 4 支试管分别加两滴 Molisch 试剂，摇匀。倾斜试管，沿管壁小心加入约 1 mL 浓硫酸，切勿摇动，硫酸沉于试管底部与糖溶液分为两层，仔细观察两层液面交界处的颜色变化，记录结果。

2. Seliwanoff 反应

取 3 支试管编号，分别加入 1％蔗糖溶液、1％葡萄糖溶液和 1％果糖溶液 1 mL，然后每管加 Seliwanoff 试剂 2.5 mL，混匀，放入沸水浴中保温，比较各管颜色变化，记录结果。

3. Bial 反应

取 3 支试管编号,各加入 Bial 试剂 1 mL,再分别加入 2 滴 1%葡萄糖溶液、1%半乳糖溶液和 1%阿拉伯糖溶液,混匀,放入沸水浴中保温,比较各管颜色变化,记录结果。

4. Tollen 反应

取 3 支试管编号,各加入 Tollen 试剂 1 mL,再分别加入 1 滴 1%葡萄糖溶液、1%半乳糖溶液和 1%阿拉伯糖溶液,混匀,放入沸水浴中保温,比较各管颜色变化及变化时间,记录结果。

五、思考题

1. 列表总结和比较本实验涉及的 4 种颜色反应的原理和应用。
2. 运用本实验的方法,设计一个鉴定未知糖类的方案。

实验十　脂肪碘值的测定

一、实验目的

1. 了解碘值的概念和意义;
2. 掌握测定碘值的原理及操作方法。

二、实验原理

脂肪中的不饱和脂肪酸所含碳碳双键可以与卤素(Cl_2,Br_2 或 I_2)发生加成反应,双键数目越多,吸收的卤素也越多。每 100 g 脂肪在一定条件下所吸收的碘的质量(g),称为该脂肪的碘值或碘化价。碘值的大小在一定范围内反映了脂肪酸的不饱和程度,因此碘值是油脂检测的一个重要指标。由于碘与脂肪的反应很慢,而添加适量的溴产生的溴化碘(Hanus 试剂)可以使加成反应大大加快。将过量的溴化碘与脂肪反应后,用碘化钾释放出游离的碘,用硫代硫酸钠滴定游离的碘,可以求出与脂肪加成的碘量,计算出碘值。反应过程如下:

(1) 产生溴化碘:$I_2 + Br_2 \longrightarrow 2IBr$

(2) 加成反应:$RCH_2—CH{=}CH—(CH_2)_n—COOH + IBr \longrightarrow$
$$RCH_2—CHI—CHBr—(CH_2)_n—COOH$$

(3) 碘的释放:$IBr + KI \longrightarrow KBr + I_2$

(4) 碘的滴定:$I_2 + 2Na_2S_2O_3 \longrightarrow 2NaI + Na_2S_4O_6$

三、试剂和器材

(一)试剂

1. Hanus 试剂:取 12.2 g 碘,放入 1500 mL 锥形瓶内,缓缓加入 1000 mL 高纯度无水乙酸,边加边摇,同时略略加热使碘溶解,冷却后,加入溴约 3 mL 贮于棕色瓶中。

2. 10%碘化钾溶液:称取 100 g 碘化钾,溶于蒸馏水中并定容至 1000 mL。

3. 1％淀粉溶液。

4. 0.1 mol/L 标准硫代硫酸钠溶液:称取结晶硫代硫酸钠 50 g,溶于经煮沸除去 CO_2 后冷却的蒸馏水中,添加硼砂 7.6 g(硫代硫酸钠溶液在 pH 9～10 最稳定),稀释到 2 000 mL,放置数日后用标准碘酸钾溶液进行标定,原理如下:

$$KIO_3 + 5KI + 3H_2SO_4 \longrightarrow 3K_2SO_4 + 3I_2 + 3H_2O$$

$$I_2 + 2Na_2S_2O_3 \longrightarrow 2NaI + Na_2S_4O_6$$

标定时准确量取 0.1 mol/L 碘酸钾溶液 20 mL,10％碘化钾溶液 10 mL 和 1 mol/L 硫酸 20 mL,混匀,加入数滴 1％淀粉溶液作为指示剂,用硫代硫酸钠溶液进行滴定,根据硫代硫酸钠消耗的体积计算出其准确的浓度,用蒸馏水稀释至 0.1 mol/L。

5. 四氯化碳。

6. 花生油。

（二）器材

1. 电子天平

2. 量筒

3. 碘量瓶

4. 酸式滴定管

四、实验步骤

准确称取 0.3 g 左右的花生油 2 份于碘量瓶内,勿使油粘在瓶壁上,各加四氯化碳 10 mL,轻轻晃动使油完全溶解。向每个碘量瓶内准确加入 Hanus 试剂 25 mL,由于 Hanus 试剂有强刺激性,不用移液管吸取,可以从滴定管中定量放出。塞好碘量瓶的玻璃塞,在玻璃塞与瓶口间加数滴 10％碘化钾溶液密封,防止碘升华造成误差。将碘量瓶在暗处室温下放置 30 min(根据经验,测定碘值在 110 以下的油脂时放置 30 min,碘值高于此值则需放置 1 h,放置温度应保持 20 ℃以上,若温度过低,放置时间应增至 2 h)。放置期间应不时摇动。加成反应中 Hanus 试剂应当是过量的,若瓶内混合液的颜色很浅,表示油脂用量过多,应再称取较少量的油脂重做。反应结束后小心打开玻璃塞,使塞旁液封的碘化钾溶液流入瓶内,切勿丢失。用新配制的 10％碘化钾 10 mL 和蒸馏水 50 mL 把玻璃塞上和瓶颈上的液体冲入瓶内,混匀。用 0.1 mol/L 硫代硫酸钠溶液迅速滴定至瓶内溶液呈浅黄色,加入 1％淀粉约 1 mL 后继续滴定。将近终点时用力振荡,使碘从四氯化碳中全部进入水溶液内。再滴至蓝色消失为止,即达到滴定终点。另作 2 份空白对照,除不加油脂样品外,其余操作同上。滴定完成后废液应倒入废液瓶,以便回收四氯化碳。按下式计算碘值:

$$碘值 = \frac{c \times (V_{空} - V_{样})}{m} \times \frac{126.9}{1000} \times 100$$

式中:c,硫代硫酸钠溶液的浓度(mol/L);$V_{空}$,滴定空白消耗的硫代硫酸钠溶液的体积(mL);$V_{样}$,滴定样品消耗的硫代硫酸钠溶液的体积(mL);m,油脂样品质量(g);126.9,碘的相对原子质量;1000,毫克转化为克;100,转化成 100 g 油脂吸收的碘的质量。

五、思考题

1. 测定碘值有何意义？液体油和固体脂碘值之间有何区别？
2. 分析实验过程中的操作要点及对碘值测定的影响。

实验十一　氨基酸和蛋白质的呈色反应

一、实验目的

1. 了解某些氨基酸和蛋白质的呈色反应原理；
2. 学习几种常用的鉴定氨基酸和蛋白质的方法。

二、实验原理

蛋白质分子具有多种呈色反应，其中多数属于氨基酸侧链基团的特性，而有些是由蛋白质主链结构决定的。利用这些反应可以对氨基酸或蛋白质进行定性或定量分析，常见的呈色反应见表 2.2。其中一些颜色反应不是蛋白质的专一反应，非蛋白质物质亦可产生相同颜色反应，因此不能仅靠呈色反应鉴别蛋白质。

三、试剂和器材

（一）试剂

1. 卵清蛋白液：将鸡蛋清用蒸馏水稀释 20 倍，纱布过滤，滤液冷藏备用。

2. 1% 白明胶：称取 1 g 白明胶溶于少量热水，用蒸馏水稀释并定容至 100 mL。

3. 标准氨基酸溶液（1 mg/mL）：取甘氨酸、酪氨酸、苯丙氨酸、精氨酸、组氨酸和色氨酸分别配制成 1 mg/mL 的溶液。

4. 0.5% 苯酚溶液。

5. 米伦试剂：称取 40 g 汞溶于 60 mL 浓硝酸中，在 60 ℃ 水浴中加温溶解，溶解后加入 2 倍体积的蒸馏水混匀，静置澄清，取上清液备用。

6. 0.1% 茚三酮乙醇溶液：称取 0.1 g 茚三酮溶于 95% 乙醇并稀释至 100 mL。

7. 尿素粉末。

8. 1% 硫酸铜溶液。

9. 10% NaOH 溶液。

10. 10 mg/mL α-萘酚乙醇溶液。

11. 2% 次溴酸钠溶液：在冷却条件下将 2 g 溴溶于 100 mL 5% NaOH 溶液中，放在棕色瓶中于暗处贮存。

12. 浓硝酸。

（二）器材

1. 恒温水浴锅　　　　　　　　　　2. 电炉

3. 量筒   4. 移液管

5. 试管   6. 烧杯

四、实验步骤

1. 双缩脲反应

取少量尿素粉末于干燥试管中,用微火加热使尿素熔化。当熔化沸腾的尿素开始硬化出现白色固体时停止加热,此时尿素形成双缩脲。待试管冷却后加入10% NaOH 溶液 1 mL,摇匀,再加入 1% 硫酸铜溶液 1 滴,摇匀,观察颜色变化并记录。

向另 1 支试管中加入卵清蛋白液和 10% NaOH 溶液各 1 mL,摇匀,再加入 1% 硫酸铜溶液 1 滴,摇匀,观察颜色变化并记录。

2. 茚三酮反应

取 2 支试管分别加入卵清蛋白液和甘氨酸溶液 1 mL,再各加 0.5 mL 0.1% 茚三酮乙醇溶液,混匀后在沸水浴中加热 1~2 min,观察颜色变化并记录。

在一小块滤纸上滴 1 滴甘氨酸溶液,风干后再在原处滴 1 滴 0.1% 茚三酮乙醇溶液,在微火旁烘干显色,观察有色斑点的出现并记录。

3. 黄色反应

取 6 支试管编号,按表 2.4 分别加入材料或试剂,观察各管出现的现象,有的试管反应慢可略放置或用微火加热。待各管出现黄色后,于室温下逐滴加入 10% NaOH 溶液至碱性,观察颜色变化并记录。

表 2.4 黄色反应

管号	1	2	3	4	5	6
材料或试剂	卵清蛋白液 4 滴	指甲少许	头发少许	0.5% 苯酚 4 滴	色氨酸 4 滴	酪氨酸 4 滴
浓硝酸	2 滴	2 mL	2 mL	4 滴	4 滴	4 滴
	出现黄色后,于室温下逐滴加入 10% NaOH 溶液至碱性					
现象						

4. 米伦反应

取 5 支试管编号,分别加入卵清蛋白液、酪氨酸、苯丙氨酸、甘氨酸和 0.5% 苯酚溶液各 1 mL,再各加入 5 滴米伦试剂,在沸水浴中加热,观察各管出现的现象并记录。

5. 坂口反应

取 1 支试管加入 1 mL 精氨酸溶液和 1 mL 10% NaOH 溶液混合,加入 2 滴 α-萘酚乙醇溶液,混匀后再加入 5 滴 2% 次溴酸钠溶液,观察颜色变化并记录。

另取 1 支试管加入 5 滴卵清蛋白液,5 滴 10% NaOH 溶液和 2 滴 α-萘酚乙醇溶液,混匀后再加入 5 滴 2% 次溴酸钠溶液,充分振荡,观察颜色变化并记录。

1. 如果蛋白质水解后双缩脲反应呈阴性时,可以对水解程度作出什么样的推论?

2. 茚三酮反应的阳性结果为何颜色? 茚三酮反应呈阳性能否用于鉴定蛋白质的存在?　　　　　　　　　　　　　　　　　　　　　　　　　　 ·

3. 试比较各种氨基酸和蛋白质呈色反应的特点和用途。

实验十二　蛋白质的两性反应和等电点的测定

一、实验目的

1. 熟悉蛋白质两性反应及其机理;
2. 掌握蛋白质等电点的测定方法及其原理。

二、实验原理

蛋白质是由氨基酸组成,虽然形成多肽链时氨基酸的 α -氨基与 α -羧基已缩合形成肽键而不能解离,但是一些氨基酸的侧链具有可解离的酸碱基团如:羧基、氨基、酚基、巯基、胍基、咪唑基等。因此蛋白质和氨基酸一样是两性电解质,在溶液中存在解离平衡(见图 2.1)。调节溶液的 pH 达到一定值时,蛋白质分子所带的正电荷和负电荷相等,主要以兼性离子状态存在,该 pH 称为该蛋白质的等电点(pI)。在等电点时蛋白质溶解度最小,容易沉淀析出,利用这一性质可以粗略测定蛋白质的等电点。

三、试剂和器材

(一)试剂

1. 0.5% 酪蛋白溶液(以 0.01 mol/L NaOH 配制)。

2. 0.04% 溴甲酚绿指示剂。

3. 0.02 mol/L 盐酸。

4. 0.02 mol/L 和 1 mol/L NaOH 溶液。

5. 0.5% 酪蛋白乙酸钠溶液:称取 5 g 酪蛋白溶于约 400 mL 蒸馏水,加入 1 mol/L 的 NaOH 溶液 100 mL,1 mol/L 的乙酸 100 mL,最后用蒸馏水定容至 1 000 mL。

6. 0.01 mol/L 乙酸。

7. 0.1 mol/L 乙酸。

8. 1.00 mol/L 乙酸。

(二)器材

1. 试管　　　　　　　　　　　　　　　　2. 移液管

四、实验步骤

1. 蛋白质的两性反应

（1）取 1 支试管，加 0.5% 酪蛋白溶液 1 mL 和 0.04% 溴甲酚绿指示剂 5 滴（溴甲酚绿指示剂颜色的 pH 为 3.8～5.4，酸式为黄色，碱式为蓝色），混匀。观察溶液呈什么颜色？说明什么？

（2）以细滴管慢慢加入 0.02 mol/L 盐酸，随滴随摇，至有明显的大量沉淀产生时，这时溶液的 pH 接近于酪蛋白的等电点，观察溶液颜色的变化。

（3）继续滴入 0.02 mol/L 盐酸，有什么变化？为什么？溶液颜色如何变化？说明什么？

（4）再滴入 0.02 mol/L NaOH 溶液中和，为什么又会出现沉淀？继续滴入 0.02 mol/L NaOH 溶液，又有什么变化？溶液颜色如何变化？说明什么？

2. 酪蛋白等电点的测定

取直径相近的 9 支试管编号，按表 2.5 准确加入各种试剂后摇匀，配成含酪蛋白的不同 pH 的缓冲液，各管溶液的 pH 如表所示。静置 30 min，观察各试管中溶液的混浊度，分别以 0，+1，+2，+3 表示沉淀或混浊的程度，沉淀最多的试管对应的 pH 即为酪蛋白的等电点。

表 2.5　酪蛋白等电点的测定

管号	1	2	3	4	5	6	7	8	9
蒸馏水体积/mL	2.4	3.2	—	2.0	3.0	3.5	1.5	2.75	3.38
1.00 mol/L 乙酸体积/mL	1.6	0.8	—	—	—	—	—	—	—
0.1 mol/L 乙酸体积/mL	—	—	4.0	2.0	1.0	0.5	—	—	—
0.01 mol/L 乙酸体积/mL	—	—	—	—	—	—	2.5	1.25	0.62
酪蛋白乙酸钠溶液体积/mL	1.0	1.0	1.0	1.0	1.0	1.0	1.0	1.0	1.0
溶液最终 pH	3.5	3.8	4.1	4.4	4.7	5.0	5.3	5.6	5.9
混浊度									

五、思考题

1. 解释蛋白质两性反应中颜色及沉淀变化的原因。

2. 该方法测定蛋白质等电点的原理是什么？是否所有蛋白质都能通过该方法测定等电点？为什么？

实验十三　蛋白质的沉淀和变性反应

一、实验目的

1. 掌握使蛋白质胶体溶液保持稳定的因素；

2. 了解沉淀蛋白质的几种方法及其实用意义；

3. 了解蛋白质变性和沉淀的关系。

二、实验原理

在水溶液中的蛋白质分子由于表面水化层和双电层而成为稳定的亲水胶体,在一些理化因素影响下,蛋白质因为失去电荷或脱水而沉淀。此外,某些理化因素也会造成蛋白质分子内次级键和空间结构的破坏,引起蛋白质的变性,变性蛋白质由于内部疏水基团外露而溶解度下降,往往伴随着沉淀的发生。蛋白质的沉淀反应可分为非变性沉淀和变性沉淀两类。非变性沉淀在除去引起沉淀的因素后,蛋白质仍能溶解并保持其天然活性,大多数蛋白质的盐析作用或在低温下的乙醇沉淀都属于此类。变性沉淀由于蛋白质空间结构被破坏,即使除去引起沉淀的因素后仍无法重新溶解并恢复活性。加热引起的蛋白质凝固,重金属离子或有机酸与蛋白质的反应都属于此类。也有些蛋白质变性后,由于维持溶液稳定的条件如同种电荷仍然存在,并不沉淀析出。因此变性蛋白质并不一定都表现为沉淀,而沉淀的蛋白质也未必发生变性。

三、试剂和器材

（一）试剂

1. 卵清蛋白液：将鸡蛋清用蒸馏水稀释 20 倍,纱布过滤,滤液冷藏备用。
2. 硫酸铵结晶粉末。
3. 饱和硫酸铵溶液。
4. 95% 乙醇。
5. 3% 硝酸银溶液。
6. 5% 三氯乙酸溶液。
7. 0.1 mol/L 盐酸溶液。
8. 0.1 mol/L NaOH 溶液。
9. 0.05 mol/L 碳酸钠溶液。
10. 甲基红溶液。
11. NaCl 粉末。
12. 0.1 mol/L 乙酸-乙酸钠缓冲液（pH 4.7）。

（二）器材

1. 移液管　　　　　　　　　　　　2. 试管
3. 滤纸

四、实验步骤

1. 蛋白质的盐析

取 1 支试管,加入卵清蛋白液 1 mL,再加入饱和硫酸铵溶液 1 mL,混匀后静置数分钟,观察是否有蛋白质析出? 此沉淀应为球蛋白。加蒸馏水 3 mL,观察沉淀是否溶解,为什么? 将试管内容物过滤,用另 1 支试管收集滤液,向滤液中添加硫酸铵粉末至不再溶解,观察是否有蛋白质析出?此时的沉淀应为清蛋白。往试管中加蒸馏水 3 mL,观察沉淀是否溶解。

2. 乙醇引起的非变性沉淀和变性沉淀

取 3 支试管编号,按表 2.6 顺序加入各种试剂混匀,观察各管有何变化。放置片刻后向各管内加入蒸馏水 8 mL,在 2、3 号管中各加 1 滴甲基红溶液,再分别用 0.1 mol/L 盐酸溶液及 0.05 mol/L 碳酸钠溶液将两管 pH 调至中性,观察各管颜色的变化和沉淀的生成。每管再各加 0.1 mol/L 盐酸溶液数滴,观察沉淀的再溶解。解释各管发生的全部现象。

表 2.6　乙醇引起的沉淀反应

管号	1	2	3
卵清蛋白液体积/mL	1	1	1
0.1 mol/L NaOH 溶液体积/mL	—	1	
0.1 mol/L 盐酸溶液体积/mL	—	—	1
95％乙醇体积/mL	1	1	1
pH 4.7 缓冲液体积/mL	1	—	—

3. 重金属离子沉淀

取 1 支试管,加入卵清蛋白液 2 mL,再加 3％硝酸银溶液 2 滴,振荡试管,观察沉淀的生成。放置片刻后倾去上清液,向沉淀中加入蒸馏水 2 mL,观察沉淀是否溶解,为什么?

4. 某些有机酸沉淀

取 1 支试管,加入卵清蛋白液 2 mL,再加入 5％三氯乙酸溶液 1 mL,振荡试管,观察沉淀的生成。放置片刻后倾去上清液,向沉淀中加入蒸馏水 2 mL,观察沉淀是否溶解,为什么?

五、思考题

1. 使蛋白质溶液发生沉淀的因素有哪些?其原理是什么?
2. 讨论蛋白质的沉淀作用和变性作用的联系与区别。

第三篇

酶促反应动力学和酶活力测定

12 酶的概论

酶(enzyme)是生物催化剂,是由生物体合成的,能在体内或体外起同样催化作用的一类具有活性中心和特殊构象的生物大分子。20世纪80年代以前,人们一直认为酶的化学本质都是蛋白质,即酶是具有催化活性的蛋白质。后来人们发现,某些DNA、RNA也具有催化功能,因此酶的定义应为生物催化剂。酶是新陈代谢的基础,是生命的基础。没有酶的参与,生命活动将无法进行。

12.1 酶的概念和分类

从化学组成上看,酶可分为简单酶和结合酶。简单酶仅由蛋白质成分组成,结合酶由酶蛋白和辅助因子组成。结合酶的蛋白质部分被称为脱辅基酶蛋白,决定了催化底物的专一性,辅助因子决定反应的性质和种类,结合酶只有形成全酶才具有催化活性。辅助因子一般是金属离子或有机小分子,根据与酶蛋白结合的紧密程度,可以分为辅酶和辅基。辅酶是与酶蛋白结合比较疏松的有机小分子,作为底物接受质子或基团后就离开酶蛋白,可通过透析等方法除去;而辅基是与酶蛋白紧密结合的金属离子或有机小分子,不能通过透析除去。

酶的分类和命名最初采用的是习惯命名法,没有统一的原则。有时根据催化反应的底物,有时根据催化反应的性质,有时又根据酶的来源或酶的特性来命名,从而会出现一酶多名或一名多酶的情况。为了适应酶学发展的需要,避免重复命名,1961年国际酶学会议提出了新的系统命名及分类原则。国际系统命名法规定,每种酶的名称应明确标明酶的底物及催化反应的性质。国际系统分类法将酶分为6大类,即氧化还原酶类、转移酶类、水解酶类、裂合酶类(裂解酶类)、异构酶类和合成酶类,其编号分别用数字1、2、3、4、5、6表示。每一大类又分为若干个亚类,每一亚类再分为若干个亚亚类,最后将各个酶在亚亚类中排号。这样,每种酶都只有一个名称和一个由4个数字组成的国际系统分类编号。

12.2 酶的催化特点

酶与一般催化剂一样,具有用量少,催化效率高,能降低反应活化能,能加快反应速率但不改变反应平衡,反应前后不发生质与量的变化等特点。而作为生物催化剂,酶还具有一些与一般化学催化剂不同的特点,包括:① 酶的反应条件温和,一般在常温常压和中性pH下进行;② 酶易失活,任何能使蛋白质变性的因素,如高温、高压、强酸、强碱、重金属盐和射线等都会使酶失去活性;③ 酶的催化效率极高,能在常温常压下催化许多化学反应迅速进行,比非催化反应快 $10^8 \sim 10^{20}$ 倍,比一般催化剂快 $10^7 \sim 10^{13}$ 倍;④ 酶的催化具有高度专一性,一种酶往往只能催化一种或一类底物发生特定的反应;⑤ 酶的活性具有可调节性,酶作为生物催化剂,是生物体新陈代谢的基础,为了保证生物体内的代谢反应能有条不紊地进行,酶的活力必须受到严格的调节和控制,这是酶作为生物催化剂的重要特征。

12.3 生物工程常用酶制剂简介

酶制剂在生物工程领域具有广泛的应用,酶的生物催化作用是生物工程的重要特征之一。特定酶制剂或特定生物体所拥有的内源酶系在各种生物工程产品的转化和生产中起着核心作用。而酶制剂本身又是一种生物工程产品,因为很多酶制剂都是利用微生物发酵生产出来的,或是从动植物材料中提取出来的。

生物工程最为常用的酶制剂多为水解酶类,尤以多糖水解酶和蛋白水解酶为主。

淀粉酶(amylase)依据催化特点不同主要分为 α-淀粉酶(又称液化型淀粉酶)、糖化酶(又称糖化型淀粉酶,γ-淀粉酶)、β-淀粉酶和异淀粉酶四类。α-淀粉酶(α-amylase,系统名称为 α-1,4-葡聚糖水解酶)属于淀粉内切酶,水解淀粉分子内部的 α-1,4-糖苷键,作用后淀粉的聚合度会快速下降。糖化酶(glucoamylase,系统名称为 α-1,4-葡聚糖葡萄糖水解酶)和 β-淀粉酶(β-amylase,系统名称为 α-1,4-葡聚糖麦芽糖苷酶)是淀粉外切酶,两者都从淀粉的非还原端开始水解,前者作用于 α-1,4-和 α-1,6-糖苷键,且依次切割 1 分子葡萄糖,后者只作用于 α-1,4-糖苷键,且依次切割 2 分子葡萄糖,即释放 1 分子麦芽糖,它们作用于淀粉后还原糖的含量会快速增加。异淀粉酶(isoamylase,系统名称为葡聚糖-1,6-葡聚糖水解酶)也是淀粉内切酶,但它水解 α-1,6-糖苷键,即去除淀粉分子的支链,因此又称为脱支酶(debranching enzyme)。

纤维素酶(cellulase)是近年来需求量越来越大的酶制剂,虽然其产量和酶活力还远远达不到要求。纤维素酶水解 β-1,4-糖苷键,它是一个多组分酶体系,多由木霉属真菌分泌。纤维素酶中的纤维二糖水解酶又称外切纤维素酶,由 CHB I 和 CHB II 2 种酶组成,纤维素酶中的内切葡聚糖酶又称为内切纤维素酶,至少由 5 种纤维素酶(EG I、EG II、EG III、EG IV 和 EG V)组成。这些纤维素酶在纤维素的水解中具有协同作用。

蛋白酶(protease)的种类更多,不同来源和种类的蛋白酶对底物蛋白质的水解位点不同。胰蛋白酶(trypsin)的专一性比较强,仅水解赖氨酸或精氨酸残基的羧基参与形成的肽键;胰凝乳蛋白酶(chymotrypsin,又称糜蛋白酶)能水解苯丙氨酸、酪氨酸、色氨酸等疏水性氨基酸残基的羧基参与形成的肽键;胃蛋白酶(pepsin)的专一性比较低,水解断裂点两侧有疏水性氨基酸残基形成的肽键,它在酸性条件下起作用,最适 pH 为 2.0。弹性蛋白酶(elastase)的专一性高,仅水解丙氨酸残基的羧基参与形成的肽键;木瓜蛋白酶(papain)的专一性低,它的断裂位点与附近的序列关系密切,对精氨酸和赖氨酸残基的羧基端肽键敏感;葡萄球菌蛋白酶(staphylococcal protease)来自金黄色葡萄球菌菌株 Vs,专一性较高,只在谷氨酸或天冬氨酸残基的羧基端断裂肽键,因此又称为谷氨酸蛋白酶;梭菌蛋白酶(clostripain)来自组织梭状芽孢杆菌,专一性也很高,只裂解精氨酸残基的羧基端肽键,因此又称为精氨酸蛋白酶;枯草杆菌蛋白酶(subtilisin)来自于枯草杆菌,它的作用位点与糜蛋白酶相同,也水解苯丙氨酸、酪氨酸和色氨酸残基的羧基端肽键;嗜热菌蛋白酶(thermolysin)的专一性较差,水解亮氨酸、异亮氨酸、苯丙氨酸、色氨酸、缬氨酸、酪氨酸和甲硫氨酸等残基的氨基参与形成的肽键。

目前生物工程常用的大宗酶制剂主要有 α-淀粉酶、糖化酶、蛋白酶和葡萄糖异构酶等,特异酶制剂主要有纤维素酶、木聚糖酶、植酸酶、脂肪酶、果胶酶和漆酶等,除此之外,还有寡糖水解酶如蔗糖酶、糖苷酶如 α-葡萄糖苷酶、葡萄糖氧化酶和过氧化物酶等多种多样的微量酶制剂。早期的酶制剂主要从动物或植物材料中提取,如从木瓜中可以获得木瓜蛋白酶,从大麦或大豆中可以得到 β-淀粉酶,从家畜中可以制备淀粉酶、脂肪酶、胃蛋白酶、胰蛋白酶、植酸酶、凝乳酶和磷脂酶等。而现在微生物已取代动物或植物成为酶制剂最主要的来源,大部分酶制剂是利用产酶微生物发酵生产的。产酶微生物的种类很多,其中黑曲霉是最重要的产酶微生物之一,可生产脂肪酶、蛋白酶、α-淀粉酶、磷脂酶、植酸酶、果胶酶、果胶酯酶和纤维素酶等。而同一种酶制剂也可以产自不同物种,如 α-淀粉酶可以产自出芽的谷物、胰脏、米曲霉、黑曲霉、解淀粉芽孢杆菌、藓样芽孢杆菌、嗜热脂肪芽孢杆菌、枯草杆菌和米根霉等;糖化酶可以产自黑曲霉、根霉、红曲霉和拟内孢霉等;蛋白酶可以产自家畜的内脏,如胃蛋白酶、胰蛋白酶和胰凝乳蛋白酶等,也可以产自植物,如木瓜蛋白酶等;或是产自微生物,如葡萄球菌蛋白酶、梭菌蛋白酶、嗜热菌蛋白酶和枯草杆菌蛋白酶等。近年来除了利用传统的产酶微生物发酵生产酶制剂以外,还开始采用基因工程菌来生产酶制剂,最常使用的是重组大肠杆菌,此外重组曲霉、链孢菌和酵母菌等也经常使用。迄今为止,已实现工业化生产的酶制剂有 20 多种,主要应用于食品、洗涤剂、纺织和饲料等领域。

本篇的实验部分主要是针对生物工程常用酶制剂的,也涉及一些微量酶制剂,如过氧化物酶等。

13 酶促反应动力学

酶促反应动力学研究的是酶促反应的速率及各种理化因素对酶促反应速率的影响,包括:底物浓度、酶浓度、产物浓度、温度、pH、激活剂和抑制剂等。

13.1 底物浓度对酶促反应速率的影响

底物浓度与酶促反应速率之间的动力学关系是整个酶促反应动力学的基础。在酶催化反应过程中,酶促反应速率与中间产物的形成有关,酶(E)先与底物(S)结合形成中间产物(ES),将底物转化后再释放出产物(P)。反应式如下:

$$E+S \underset{k_2}{\overset{k_1}{\rightleftharpoons}} ES \underset{k_4}{\overset{k_3}{\rightleftharpoons}} E+P$$

式中 k_1、k_2、k_3、k_4 分别是各个反应的速率常数。在酶反应达到稳态时,中间产物 ES 的形成速率和分解速率相等,其浓度保持稳定。根据中间产物学说及酶稳态学说,Michaelis 和 Menten 提出了米氏方程,定量地阐明了底物浓度与酶促反应速率间的定量关系:

$$v = \frac{V_{max}[S]}{K_m+[S]}$$

式中 v 为酶促反应速率,$[S]$ 为底物浓度,V_{max} 为酶的理论最大反应速率,K_m 为米氏常数。通过 v-$[S]$ 曲线(图 3.1A)可以发现,当底物浓度很低时,反应速率随底物浓度的增加而线性增加,符合一级反应动力学;当底物浓度继续增加时,反应速率随底物浓度的增加符合混合级反应动力学;当底物浓度增至很高时,反应速率趋向于最大值 V_{max},不再随底物浓度的变化而变化,符合零级反应动力学。

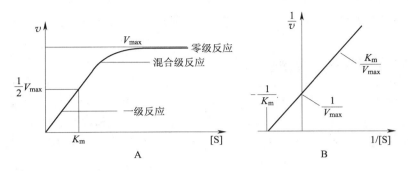

图 3.1 底物动力学曲线

A. v-[S]曲线;B. 双倒数曲线

在米氏方程中,米氏常数 K_m 是酶的特征性常数,只与酶的性质、酶所催化的底物和酶促反应条件(如温度、pH、有无抑制剂等)有关,而与酶的浓度无关。酶的种类不同,K_m 值不同,同一种酶与不同底物作用时,K_m 值也不同,其中 K_m 值最小的底物为最适底物。K_m 在数值上等于酶反应速率达到最大反应速率一半时的底物浓度。

根据 $v\sim$[S]图可以得出近似最大反应速率 V_{max} 值和米氏常数 K_m 值,但非线性曲线测定的误差较大。将米氏方程两边取倒数,可转化为 Lineweaver-Burk 双倒数曲线(图 3.1B):

$$\frac{1}{v}=\frac{K_m}{V_{max}}\cdot\frac{1}{[S]}+\frac{1}{V_{max}}$$

以 $1/v$ 对 $1/[S]$ 作图,得出一直线,其斜率是 K_m/V_{max},纵轴截距为 $1/V_{max}$,横轴截距为 $-1/K_m$。此作图除用来求取 K_m 和 V_{max} 值外,在研究酶的抑制作用方面还有重要价值。

米氏方程只适用于较为简单的酶促反应过程,如裂合酶、异构酶所催化的单底物反应以及水解酶所催化的类似单底物反应,对于比较复杂的酶促反应过程,如多酶体系、多底物、多产物、多中间物等酶促反应过程,还不能全面地概括和说明,必须借助于复杂的计算过程。

13.2 温度对酶促反应速率的影响

温度对酶促反应速率的影响决定于 2 个方面,即温度对酶蛋白稳定性的影响及对酶促反应本身的影响。对于前者,当温度升高时,酶蛋白会变性失活,酶促反应速率下降甚至停止;当温度降低时,酶蛋白稳定,酶活得以保留。对于后者,温度升高,活化分子数增加,酶促反应速率随之增加;温度降低,活化分子数减少,酶促反应速率随之降低。由于这 2 个因素的综合影响,在温度较低时,酶促反应速率随温度的增高而加快;当温度增加达到一定值后,由于酶蛋白的变性作用,反应速率随温度的增加而迅速下降,直到完全失活。酶反应速率随温度变化的关系通常是"钟形"曲线,使酶促反应速率达到最大值时的温度就称为酶的最适温度。酶的最适温度与实验条件有关,因而不是酶的特征性常数,常受反应时间、酶浓度、底物种类、激活剂和抑制剂等的影响,但每种酶在一定条件下都有其最适温度。

低温时虽然酶反应速率降低,但酶蛋白保持稳定,当温度升高后,酶活性又可以恢复。而高温时酶会变性失活,因此酶应在低温下提取和保存。使酶分子的空间结构保持稳定,酶活性保留的温度范围就是酶的温度稳定范围,酶的贮存温度应不高于其稳定温度范围。酶的稳定温度范围也不是酶的特征性常数,也与实验条件有关,尤其是反应时间。

13.3　pH 对酶促反应速率的影响

pH 也会影响酶促反应速率,一方面剧烈的 pH 变化会破坏酶结构的稳定性,导致酶蛋白变性失活;另一方面当 pH 改变并不剧烈时,虽然不会导致酶蛋白变性失活,但会影响酶活性部位基团的解离状态,还会影响底物分子的解离状态,以及中间产物 ES 的形成和解离。酶促反应速率随 pH 变化的关系通常也呈现"钟形"曲线,即 pH 过高或过低均可导致酶催化活性的下降。酶催化活性最高时溶液的 pH 就称为酶的最适 pH,此时酶的解离状态最利于它的催化作用,活力最高。人体内大多数酶的最适 pH 为 6.5~8.0。酶的最适 pH 也不是酶的特征性常数,但每种酶在一定条件下都有其最适 pH。使得酶的空间结构稳定,活性不损失或极少损失的 pH 范围就是酶的 pH 稳定范围。酶活力测定和酶的使用应在最适 pH 条件下进行,酶的提纯和贮存应采用处于 pH 稳定范围内的合适溶液。

13.4　激活剂对酶促反应速率的影响

激活剂是指能提高酶活性,加速酶促反应进行的物质。激活剂对酶的作用具有一定的选择性,且需要适当的浓度。例如,Cl^- 是唾液淀粉酶的激活剂,Mg^{2+} 是许多激酶和合成酶的激活剂。激活剂大多为无机离子或简单的有机化合物。无机离子激活剂主要有 Na^+、K^+、Mg^{2+}、Mn^{2+}、Zn^{2+}、Ca^{2+}、Fe^{2+}、Cl^- 和 Br^- 等。它们往往作为底物与酶蛋白之间联系的桥梁;或是与酶分子肽链上的侧链基团相结合,稳定酶催化作用所需的构象;或是作为辅酶或辅基的一个组成部分,协助酶的催化作用。小分子有机化合物激活剂主要有谷胱甘肽和抗坏血酸等,它们能保护巯基等关键基团不被氧化。小分子有机化合物还可以通过形成活性酶复合物,活性底物或活性酶-底物三元复合物而起激活作用。除此之外,一些生物大分子也可以起到激活剂的作用,生物大分子激活剂包括各种激酶和霍乱毒素等。在酶原的激活中,水解酶原特定肽键的蛋白酶也可看做是酶原的激活剂。

13.5　抑制剂对酶促反应速率的影响

使酶反应速率降低的方式主要有失活作用和抑制作用。失活作用是指破坏酶的空间结构,使酶蛋白变性,导致酶丧失活性的作用。变性剂对酶的作用没有选择性。抑制作用是指酶在不发生变性的情况下,由于必需基团或活性中心化学性质的改变而引起的酶活性降低或丧失。抑制剂对酶的作用具有一定的选择性。凡是能降低酶促反应速率,但不引起酶分子变性失活的物质统称为酶的抑制剂。按照抑制剂的作用方式,抑制作用可分为不可逆抑制作用和可逆抑制作用。

不可逆抑制作用指抑制剂与酶分子上的必需基团以共价键结合,导致酶活性降低或丧失,且不能用透析、超滤等方法除去抑制剂而使酶恢复活性的作用。不可逆抑制作用包括专一性不可逆抑制和非专一性不可逆抑制 2 种。专一性不可逆抑制剂是针对某个特定酶而设计的,它与酶的底物有类似的结构,并带有另一个反应基团,在与酶结合后可以与酶发生进一步的作用。专一性不可逆抑制剂对于研究酶的活性部位有很大的帮助。非专一性不可逆抑制剂的应用更多且种类较多，主要包括有机汞、有机砷化合物、重金属离子、有机磷化合物、氟化物、一氧化碳和烷化剂等，它们大多与酶分子活性中心的巯基、氨基、羧基和咪唑基等基团共价结合而抑制酶活性。

可逆抑制作用指抑制剂与酶以非共价键方式结合而引起酶的活性降低或丧失，用透析、超滤等方法可除去抑制剂而使酶恢复活性的作用。可逆抑制作用包括竞争性抑制作用，非竞争性抑制作用和反竞争性抑制作用。

竞争性抑制剂往往是酶的底物或产物的结构类似物，与底物竞争结合酶的同一个活性部位，从而干扰了酶与底物的结合，使酶的催化活性降低。抑制剂浓度越大，则抑制作用越大；但增加底物浓度可使抑制程度减小。竞争性抑制剂的反应动力学方程为：

$$v = \frac{V_{\max}[S]}{K_m\left(1 + \dfrac{[I]}{K_i}\right) + [S]}$$

式中[I]为抑制剂浓度，K_i 为抑制剂常数，反映了抑制剂与酶的亲和力，该值越小抑制作用越强。竞争性抑制剂的存在使得酶的米氏常数增大，即酶和底物的亲和力降低，而 $V_{\max}$ 值保持不变。

在非竞争性抑制中，抑制剂既可以与游离酶结合，也可以与 ES 复合物结合，使酶的催化活性降低。非竞争性抑制剂的化学结构不一定与底物类似，底物和抑制剂分别独立地与酶的不同部位结合。因此抑制剂不影响酶与底物的结合，故底物浓度的改变对抑制程度没有影响。非竞争性抑制剂的反应动力学方程为：

$$v = \frac{V_{\max}[S]}{\left(1 + \dfrac{[I]}{K_i}\right)(K_m + [S])}$$

非竞争性抑制剂的存在不改变 K_m，即酶与底物的亲和力不变，但使得 $V_{\max}$ 值减小。

在反竞争性抑制中，抑制剂不能与游离酶结合，但可与 ES 复合物结合并阻止产物生成，使酶的催化活性降低。反竞争性抑制剂的化学结构不一定与底物的分子结构类似。抑制剂与底物可同时与酶的不同部位结合。必须有底物存在，抑制剂才能对酶产生抑制作用，且抑制程度随底物浓度的增加而增加。反竞争性抑制剂的反应动力学方程为：

$$v = \frac{V_{\max}[S]}{K_m + \left(1 + \dfrac{[I]}{K_i}\right)[S]}$$

反竞争性抑制剂的存在使 K_m 值减小，即抑制剂增加了酶和底物的亲和力，同时降低了 $V_{\max}$。

当有一定浓度抑制剂存在时，通过分析 v 随[S]变化的情况，根据其对 K_m 和 $V_{\max}$ 的影响，可以推测抑制剂的类型。

14　酶活力测定

酶虽然大多为蛋白质，但不适合直接以质量或体积来衡量，而应当以其催化化学反应的能力，即酶活力来衡量。因此酶活力的测定实际上就是酶的定量测定。

14.1 酶活力单位的定义和酶活力的概念

酶活力的大小用单位酶制剂(g^{-1}或mL^{-1})所含的酶活力单位(U)表示。酶活力单位是对酶进行定量描述的基本度量单位,其含义是在一定反应条件下,单位时间内完成一个规定的反应量所需的酶量。酶活力单位的定义因酶活测定方法、反应条件等因素而异。为了使酶活力单位标准化,1961年规定了统一的酶活力国际单位(IU),其定义为:在最适反应条件下,每分钟催化1 μmoL 底物转化为产物所需的酶量为一个酶活力国际单位,即1 IU=1 μmoL/min。但有些酶的活力人们仍采用习惯的酶活力单位来表示,如α-淀粉酶。对于同一种酶,如果其酶活力单位的定义不同,则不能对其酶活力进行比较。

测定酶活力的大小实际上是测定一定条件下酶促反应的速度,即单位时间内底物的减少量或产物的生成量。通常多以单位时间内产物的生成量表示,因为反应过程中产物的变化是从无到有,容易准确测定;而底物往往是过量的,其减少量很少,难以准确测定。

酶活力之所以能以酶促反应速率来定量是因为当底物过量时,酶浓度与酶促反应速度成正比。酶促反应进程曲线(图3.2)显示在反应初期斜率恒定,此时的酶促反应速率称为初速率v_0,反应后期由于底物浓度降低、产物浓度增加导致逆反应的进行,产物的抑制及酶的部分失活等原因,斜率下降,酶促反应速率下降,此时不能代表真实的酶活力。为了准确测定酶促反应速率,需注意:① 应确保足够高的底物浓度,从而使酶在整个酶活力测定期内都能以最大反应速率V_{max}来催化反应,防止底物不足而导致反应速率下降,酶活力被低估(图3.2A);② 应保证合适的酶浓度,一方面要防止酶浓度过高导致反应速率过早偏离初速率,另一方面要防止酶浓度过低导致难以准确测定或测定不出反应速率(图3.2B);③ 应确保准确、较短的反应时间,以确保测定的是反应初速率,防止反应时间过长导致反应速率下降而使酶活力被低估(图3.2C)。一般来说,为了保证测定的是反应初速率,应将底物浓度的减少量限制在5%以内。

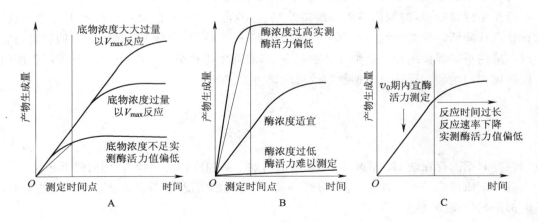

图 3.2　影响酶活力测定的主要因素

A. 底物浓度对酶活力测定的影响;B. 酶浓度对酶活力测定的影响;C. 酶促反应时间对酶活力测定的影响

酶活力的测定一般按下面的操作程序进行。首先,应将酶液稀释至适当的浓度,即适当的酶活力;其次,在最适条件下进行酶促反应,并测定一定时间内的反应量,或测定完成一定量反应所需的时间,最适条件包括最适温度、最适 pH、过量或适量的底物浓度、适宜的缓冲液和严格的反应时间等,必要时还需去除抑制剂、添加辅助因子等;最后,根据酶活力单位的定义计算出酶活力。

酶的纯度用酶的比活力表示,是指单位质量的酶蛋白所含的酶活力单位数,一般以每毫克酶蛋白所含有的酶活力单位数(U/mg 酶蛋白)表示。对于同一种酶来说,比活力越大,表示酶蛋白越纯。在酶的提取纯化过程中,可根据每一步的比活力计算酶的纯化倍数。为了计算比活力,除了测定酶活力外,还需要对酶制剂的蛋白质含量进行测定。

14.2 酶活力测定方法的类型和特点

酶活力的测定方法有终点法和初速率法两大类。终点法测定完成一个规定的反应量所需的时间来计算酶活,如 α-淀粉酶活力的测定;初速率法则是通过测定一定时间内(反应的初始阶段)的化学反应量,即底物的减少量或产物的生成量来计算酶活,绝大多数酶活力的测定都采用该方法。一般需要根据产物或底物的物理或化学性质来确定酶促反应的测定方法,常用的有分光光度法、荧光法、量气法、滴定法、同位素测量法和电化学法等。

分光光度法主要是利用产物或底物的紫外或可见光吸收的变化来测定酶活力,由于简便灵敏,是最常用的酶活力测定方法。一些原本没有光吸收变化的酶反应,可以通过与一些能引起光吸收变化的显色反应相偶联来测定酶活力。此类酶活力的测定分为酶促反应和显色反应两个阶段。显色反应可以是特征性化学反应,如蛋白酶活力的测定(见实验二十一),也可以是特异性酶反应,又称为酶偶联分析法。

荧光法是根据产物或底物的荧光性质差异来测定酶活力。荧光法的灵敏度很高,常用于快速反应的测定。但由于荧光强度的测定易受干扰且许多生物分子不具有荧光吸收特性,因此荧光法的使用不如分光光度法普遍。

量气法是在有气体参与的酶促反应中,通过气体量的变化来测定酶活力,如采用瓦勃氏呼吸仪法测定谷氨酸脱羧酶的活力(见实验三十六)。

滴定法则是根据产物或底物的酸碱性变化或氧化还原性质的变化,通过酸碱滴定法或氧化还原滴定法来测定酶活力。例如,糖化酶的测定就是采用氧化还原滴定法(见实验十九)。

同位素测量法则是底物用放射性同位素标记,通过测定产物中同位素的量来计算酶活力,这种方法的灵敏度极高,但需要放射性同位素,因此虽然很多酶活的测定都可以采用这种方法,但它的使用并不普遍。

电化学法通过酶促反应产物在电极表面产生的电位、电流和阻抗等信号改变来测定产物量进而测定酶活力。

15 实验部分

实验十四　酶作用的专一性

一、实验目的

1. 了解酶作用的专一性,掌握检查酶的专一性的原理和方法;

2. 学会排除干扰因素,设计酶学实验。

二、实验原理

酶作用的专一性是酶与一般催化剂的主要区别之一。所谓酶作用的专一性,是指酶仅对一种或一类底物起特定的催化作用,而对其他物质则没有催化作用。

本实验以枯草杆菌 α-淀粉酶和酵母蔗糖酶对淀粉和蔗糖的水解作用为例,来说明酶作用的专一性。淀粉和蔗糖缺乏游离半缩醛羟基,无还原性。在 α-淀粉酶作用下,淀粉很容易水解成为糊精及少量麦芽糖和葡萄糖,从而具有还原性。在同样条件下, α-淀粉酶不能催化蔗糖的水解。而蔗糖酶能催化蔗糖水解生成具有还原性的葡萄糖和果糖,但不能催化淀粉水解。利用本尼迪克特试剂检测还原糖的存在与否即可验证这两种酶是否催化底物的水解。

三、试剂与器材

(一)试剂

1. 2%蔗糖溶液。

2. 1%可溶性淀粉溶液:称取 1 g 可溶性淀粉,加蒸馏水 10 mL 搅成糊状,倾入90 mL 预先煮沸的蒸馏水中,搅拌均匀,再煮沸 2~3 min,冷却后定容至 100 mL,此溶液需新鲜配制。

3. 枯草杆菌 α-淀粉酶稀释液。

4. 酵母蔗糖酶:称取 100 g 活性干酵母,置于研钵内,加少量石英砂及 50 mL蒸馏水用力研磨提取约 1 h,再加蒸馏水使总体积为 500 mL 左右,过滤,滤液即为粗酶,贮存于冰箱备用。

5. 本尼迪克特试剂(本氏试剂):将 17.3 g 硫酸铜溶于约 100 mL 蒸馏水中,另将 173 g 柠檬酸钠及 100 g 碳酸钠溶于约 800 mL 蒸馏水,加热搅拌使之溶解,冷却后将上述硫酸铜溶液缓缓倾入柠檬酸钠-碳酸钠溶液中混匀,并稀释至 1 000 mL,此试剂可长期保存。

(二)器材

1. 恒温水浴锅   2. 电炉

3. 移液管   4. 试管

四、实验步骤

1. 试剂检查

取 2 支试管,各加入本氏试剂 2 mL,再分别加入 1%可溶性淀粉溶液和 2%蔗糖溶液各 4 滴。混合均匀后,放在沸水浴中煮 2~3 min,观察有无红黄色沉淀产生。纯净的淀粉和蔗糖应当没有红黄色沉淀产生。

2. α-淀粉酶的专一性试验

取 3 支试管,分别加入 1%可溶性淀粉 3 mL,2%蔗糖溶液 3 mL 及蒸馏水3 mL,再各添加 α-淀粉酶稀释液 1 mL,混匀,放入 37 ℃恒温水浴中保温。15 min

后取出,各加本氏试剂 2 mL,摇匀后放在沸水浴中煮 2～3 min,观察各管有无红黄色沉淀产生?为什么?

3. 蔗糖酶的专一性试验

取 3 支试管,分别加入 1% 可溶性淀粉 3 mL,2% 蔗糖溶液 3 mL 及蒸馏水 3 mL,再各添加蔗糖酶液 1 mL,混匀,放入 37 ℃恒温水浴中保温。10 min 后取出,各加本氏试剂 2 mL,摇匀后放入沸水浴中煮 2～3 min,观察各管有无红黄色沉淀产生?为什么?

五、思考题

1. 观察酶的专一性为什么要设计这 3 组实验?每组各验证了什么?每组中蒸馏水分别起什么作用?

2. 如果将酶在沸水浴中保温 10 min,再重做实验步骤 2、3 会有什么结果?

实验十五　酶的激活和抑制

一、实验目的

1. 了解酶促反应的激活和抑制作用;
2. 学习检验激活剂和抑制剂影响酶反应的方法。

二、实验原理

酶的活性常受到某些物质的影响。有些物质能使酶的活性增加,称为酶的激活剂;有些物质能使酶的活性降低,称为酶的抑制剂。对酶促反应产生影响时,激活剂和抑制剂的需要量很小,并且具有特异性。

本实验以唾液淀粉酶为例,说明氯离子(Cl^-)对该酶的激活作用及铜离子(Cu^{2+})对该酶的抑制作用。

三、试剂和器材

(一)试剂

1. 0.5% 可溶性淀粉溶液。
2. 1% NaCl 溶液。
3. 0.5% $CuSO_4$ 溶液。
4. 唾液淀粉酶液:实验者先用清水漱口后,取唾液 1 mL,稀释 100 倍左右。
5. 碘–碘化钾溶液。

(二)器材

1. 恒温水浴锅　　　　　　　2. 移液管
3. 试管

四、实验步骤

取 3 支试管编号,分别加入 3 mL 0.5% 可溶性淀粉溶液和 1 mL 唾液淀粉酶液,再分别向 3 支试管中加 1 mL 1% 氯化钠溶液,1 mL 0.5% 硫酸铜溶液和 1 mL 蒸馏水。将 3 支试管放入 37 ℃ 恒温水浴中保温 10~15 min 后取出(保温时间因唾液淀粉酶活力而异,必要时重新调整稀释倍数,以求获得明显的结果)。冷却后分别加入 4~5 滴碘-碘化钾溶液,观察比较 3 支试管颜色的深浅,并解释原因。

五、思考题

1. 激活剂可以分为哪几类?本实验中氯化钠是属于其中哪一类?
2. 抑制剂与变性剂有何不同?试举例说明。

实验十六 底物浓度对酶活性的影响——蔗糖酶米氏常数的测定

一、实验目的

1. 了解酶促反应动力学研究的内容;
2. 以蔗糖酶为例,掌握测定米氏常数的原理和方法。

二、实验原理

在酶促反应中,当反应体系其他条件恒定时,反应初速率(v)则随底物浓度[S]的变化的关系满足米氏方程。方程中的米氏常数 K_m 是酶的特征性常数,在酶学研究中经常用到。测定 K_m 值时如果直接通过米氏曲线作图,由于米氏方程是一个双曲线函数,具有非线性动力学分析缺点,求得的 K_m 和 V_{max} 的值往往不准确。所以通常是将其变为直线方程后作图,一般常采用 Lineweaver-Burk 作图(又称双倒数作图法,图 3.1B),此法使米氏方程转化成倒数形式,得到线性方程:

$$\frac{1}{v} = \frac{K_m}{V_{max}} \cdot \frac{1}{[S]} + \frac{1}{V_{max}}$$

用 $1/v$ 对 $1/[S]$ 作图,可得一直线,纵轴截距为 $1/V_{max}$,斜率为 K_m/V_{max},横轴截距为 $-1/K_m$,由此可比较方便地计算出 K_m 和 V_{max}。

本实验以蔗糖为底物,利用蔗糖酶水解不同浓度蔗糖所形成的产物(葡萄糖和果糖)的量来计算蔗糖酶的 K_m 值。葡萄糖和果糖能与 3,5-二硝基水杨酸(DNS)试剂反应,生成棕红色化合物,可通过在 520 nm 处测定吸光度进行定量分析。

三、试剂和器材

(一)试剂

1. 标准葡萄糖溶液(1 mg/mL):准确称取 100 mg 葡萄糖(预先在 80 ℃ 烘至恒

重),用少量蒸馏水溶解后,转移到 100 mL 容量瓶定容至刻度,摇匀,4 ℃贮存备用。

2. 0.1 mol/L 乙酸-乙酸钠缓冲液(pH 4.5)。

3. 10%蔗糖溶液:用 pH 4.5 的乙酸-乙酸钠缓冲液配制。

4. DNS 试剂:见实验一。

5. 酵母蔗糖酶溶液:以活性干酵母或鲜酵母自制(研磨法、超声破碎或自溶法皆可),酶液活力以 6～12 U/mL 为佳,蔗糖酶活力单位的定义为:在本实验条件下反应 5 min,产生 1 mg 葡萄糖所需的酶量。

(二)器材

1. 分光光度计
2. 恒温水浴锅
3. 容量瓶
4. 25 mL 具塞比色管
5. 移液管
6. 秒表
7. 试管

四、实验步骤

1. 葡萄糖标准曲线的绘制

取 6 支具塞比色管编号,按表 3.1 所示添加试剂,混匀后于沸水浴中加热 5 min,取出用自来水冷却,稀释至 25 mL 刻度处,混匀后以 0 号管为空白,在 520 nm 处测定吸光度。以葡萄糖含量为横坐标,以吸光度为纵坐标作图得到标准曲线。

表 3.1　葡萄糖标准曲线的绘制

管号	0	1	2	3	4	5
标准葡萄糖溶液体积/mL	0	0.2	0.4	0.6	0.8	1.0
蒸馏水体积/mL	2.0	1.8	1.6	1.4	1.2	1.0
DNS 试剂体积/mL	3.0	3.0	3.0	3.0	3.0	3.0

2. 根据酶活力选择酶液浓度

取 2 支试管编号,各加入 10%蔗糖溶液 5 mL,将试管置于 25 ℃水浴中保温 5 min,向其中 1 支试管(样品管)中加入酵母蔗糖酶溶液 1.0 mL,立即混匀,同时用秒表计时,准确反应 5 min 后,立即加入 0.1 mol/L NaOH 溶液 5.0 mL 终止酶促反应;另 1 支试管(对照管)先加入 0.1 mol/L NaOH 溶液 5.0 mL,再加入酵母蔗糖酶溶液 1.0 mL。

重新取 3 支具塞比色管编号,1、2 号管分别加入上述样品管和对照管内反应液各 1.0 mL,再各加蒸馏水 1.0 mL,3 号管加蒸馏水 2.0 mL,然后各管均加 DNS 试剂 3.0 mL。置于沸水浴中煮 5 min,取出后用自来水冷却,加蒸馏水至 25 mL 刻度,混匀,以 3 号管调零点,在 520 nm 处测 1、2 号管吸光度。以 1 号管吸光度减去 2 号管吸光度后的差值从标准曲线上查得相应的葡萄糖含量,并乘以 11,即为酵母蔗糖酶液的酶活力(U/mL)。

样品管中因酶催化水解而产生的葡萄糖含量最好为 0.4～1.6 mg,过高或过低均应适当改变酵母蔗糖酶溶液的浓度或反应液用量后再进行测定。

　　3. 米氏常数的测定

　　取 7 支试管编号,按表 3.2 添加试剂。添加完蔗糖溶液及 pH 4.5 乙酸－乙酸钠缓冲液后,于 25 ℃恒温水浴保温 5 min,再分别依次向各管加入蔗糖酶溶液 1.0 mL,立即摇匀,记录时间。各管均准确反应 5 min,立即加入 0.1 mol/L NaOH 溶液 5 mL,立即摇匀以终止反应。

表 3.2　不同底物浓度下的酶促反应

管号	1	2	3	4	5	6	7
10%蔗糖溶液体积/mL	0.5	1.0	1.5	2.0	2.5	3.75	5.0
pH 4.5 乙酸－乙酸钠缓冲液体积/mL	4.5	4.0	3.5	3.0	2.5	1.25	0
酵母蔗糖酶液体积/mL	1.0	1.0	1.0	1.0	1.0	1.0	1.0

　　反应完成后,另取 8 支具塞比色管编号,其中 7 支分别加入相应的上述反应液各 1.0 mL 及蒸馏水各 1.0 mL,0 号管中加入蒸馏水 2.0 mL 作空白,然后各管均加入 DNS 试剂 3.0 mL,沸水浴 5 min。取出用自来水冷却后稀释到 25 mL 刻度,混匀,以 0 号管为空白,于 520 nm 处测定吸光度。

　　根据各测定管的吸光度,从标准曲线上查出相应的还原糖毫克数(0.4～1.6 mg 为佳,否则应调整反应液用量后重新测定)。按表 3.3 分别计算出各管的 v 和 $[S]$,$1/v$ 和 $1/[S]$,并分别绘制 $v-[S]$ 及 $1/v-1/[S]$ 曲线。再根据曲线分别求出蔗糖酶 K_m 值并加以比较。

表 3.3　数据处理和米氏常数测定

管号	1	2	3	4	5	6	7
A_{520}							
葡萄糖产量/mg							
反应速率(v)＝葡萄糖产量×11							
$[S]=\dfrac{10\%\times V\times 1\,000}{6\times 342}$							
$\dfrac{1}{[S]}$							
$\dfrac{1}{v}$							

　　注:表中 342 为蔗糖的相对分子质量,V 为加入蔗糖溶液的体积(mL)。

五、思考题

1. 测定米氏常数除了双倒数作图法之外,还有哪些方法?
2. 米氏常数有何实际应用?

实验十七　过氧化物酶动力学性质分析

一、实验目的

1. 通过制作过氧化物酶反应进程曲线,学会测定酶反应初速率的方法;
2. 考察反应体系的 pH、加热对酶活力的影响,掌握酶动力学性质分析的一般方法。

二、实验原理

过氧化物酶(peroxidase,简称 POD)存在于多种果蔬中,具有很高的热稳定性,在果蔬加工中常作为热处理是否充分的指标。过氧化物酶可催化过氧化氢的分解,反应如下:

$$H_2O_2 + AH_2 \rightarrow A + 2H_2O$$

AH_2 采用无色的还原性物质,如邻苯二胺,被氧化后转变成有色化合物,在波长 430 nm 处有最大吸收,利用分光光度计可测定反应体系随反应进行的吸光度变化,从而监测反应进程,考察酶促反应速率,以及 pH 和温度等因素的影响。

三、试剂和器材

(一)试剂

1. 含 1.0 mol/L NaCl 的 0.05 mol/L 磷酸盐缓冲液(pH 7.0)。
2. pH 6.0、pH 7.0、pH 8.0 的 0.1 mol/L 磷酸盐缓冲液。
3. 1% 邻苯二胺的乙醇溶液。
4. 0.3% 过氧化氢溶液。
5. 过氧化物酶粗酶液:称取卷心菜 125 g,加入含 1.0 mol/L NaCl 的 0.05 mol/L 磷酸盐缓冲液 125 mL,用组织捣碎机匀浆,离心去残渣,所得上清液即为粗酶液,使用前根据酶活力进行适当的稀释。

(二)器材

1. 分光光度计
2. 组织捣碎机
3. 离心机
4. 秒表
5. 恒温水浴锅
6. 移液管
7. 试管
8. 比色皿

四、实验步骤

1. 酶促反应进程曲线的测定

在比色皿中加入 pH 7.0 的磷酸盐缓冲液 2.6 mL,1% 邻苯二胺乙醇溶液 0.1 mL,0.3% 过氧化氢溶液 0.2 mL,最后加入过氧化物酶粗酶液 0.1 mL 混匀,同时开始用秒表计时,在 430 nm 波长下,用分光光度计测定反应混合物的吸光度随反应时间的变化。读数的间隔时间可随反应速率快慢进行调整。以吸光值为纵坐标,反应时间(t)为横坐标作图得到酶促反应进程曲线,由曲线中反应最初阶段的线性部分计算斜率,该斜率即为过氧化物酶在该反应条件下酶促反应的初速度。

2. pH对酶促反应速率的影响

再分别采用pH 6.0和pH 8.0的磷酸盐缓冲液按上述方法测定并绘制出酶促反应进程曲线,测出酶促反应的初速率,比较不同pH条件下反应速率的变化情况。

3. 热处理对酶活力的影响

取3支试管编号,各加入过氧化物酶粗酶液3 mL,并分别置于85 ℃水浴中保温1 min、3 min和8 min,加热结束后将试管置于冰浴中冷却。然后按步骤1中的方式,选用pH 7.0的磷酸盐缓冲液条件,测出3个热处理后酶液的反应初速率,分析热处理时间对酶活性的影响。

五、思考题

1. 何谓初速率? 为什么酶活力测定时多采用初速率法?
2. 温度和pH影响酶促反应速率的原因是什么?

实验十八　大麦萌发前后淀粉酶活力的比较

一、实验目的

1. 掌握淀粉酶活力测定的一般方法;
2. 对大麦萌发前后淀粉酶活力的变化进行比较。

二、实验原理

几乎所有植物中都存在淀粉酶,尤其是萌发的禾谷类种子的淀粉酶活性最强。种子萌发时,淀粉酶活性随萌发时间迅速增加,将淀粉分解成小分子糖类供幼苗生长。大麦中淀粉酶主要包括 α-淀粉酶和 β-淀粉酶。α-淀粉酶可随机地作用于淀粉中的 α-1,4-糖苷键,生成糊精、麦芽寡糖、麦芽糖和葡萄糖等。β-淀粉酶可从淀粉的非还原性末端进行水解生成麦芽糖。

淀粉酶活力大小可根据其作用于淀粉的水解产物麦芽糖及其他还原糖与3,5-二硝基水杨酸(DNS)的显色反应来测定。在一定范围内,显色反应颜色深浅与淀粉酶水解产物的浓度成正比,可用麦芽糖(或葡萄糖)浓度表示,用比色法测定淀粉生成的还原糖的量,以单位质量样品在一定时间内生成的麦芽糖的量表示酶活力。

休眠种子的淀粉酶活力很弱,经萌发后淀粉酶活力逐渐增强,并随着发芽天数的增长而增加。本实验通过测定大麦种子萌发前后的淀粉酶活力来了解此过程中淀粉酶活力的变化。

三、试剂和器材

(一)试剂

1. 大麦种子。

2. 1 mg/mL 麦芽糖标准溶液:称取麦芽糖 100 mg,用蒸馏水溶解并定容至 100 mL。

3. 0.1 mol/L 柠檬酸缓冲液(pH 5.6):

A 液(0.1 mol/L 柠檬酸):称取柠檬酸 21.01 g,用蒸馏水溶解并定容至 1 L。

B 液(0.1 mol/L 柠檬酸钠):称取柠檬酸钠 29.41 g,用蒸馏水溶解并定容至 1 L。

取 A 液 55 mL 与 B 液 145 mL 混匀,即为 0.1 mol/L 柠檬酸缓冲液(pH 5.6)。

4. 1% 淀粉溶液:称取淀粉 1g 溶于 100 mL 0.1 mol/L 柠檬酸缓冲液(pH 5.6)。

5. DNS 试剂:见实验一。

6. 石英砂。

（二）器材

1. 分光光度计　　　　　　2. 恒温水浴锅

3. 离心机　　　　　　　　4. 25 mL 具塞比色管

5. 容量瓶　　　　　　　　6. 研钵

7. 移液管

四、实验步骤

1. 种子萌发

大麦种子浸泡 2.5 h 后,放入 25 ℃ 恒温箱内或室温下发芽。大麦萌发所需要的时间与品种有关。若难以萌发,可适当延长浸泡时间和发芽时间。

2. 酶液提取

称取萌发 3 d 的大麦种子 1.0 g(芽长 1.0～1.5 cm),置研钵中,加少量石英砂和 2 mL 蒸馏水,研磨成浆后转入离心管中,用 8 mL 蒸馏水分次将残渣洗入离心管,在室温下放置提取 15～20 min,每隔数分钟振荡 1 次,使其充分提取。然后于 3 000 r/min 离心 10 min,取上清液倒入 50 mL 容量瓶中,加蒸馏水定容至刻度,摇匀,即为淀粉酶原液。吸取上述淀粉酶原液 5 mL,放入 50 mL 容量瓶中(稀释程度根据酶活性大小而定),用蒸馏水定容至刻度摇匀,即为淀粉酶稀释液,进行酶活力测定。

3. 取干燥种子或浸泡 2.5 h 后的种子 1.0 g 作为对照,按上述步骤进行提取操作。

4. 麦芽糖标准曲线的绘制

取 7 支具塞比色管编号,按表 3.4 加入试剂,置沸水浴中加热 5 min。取出冷却,用蒸馏水稀释至 25 mL。混匀后以 0 号管为空白对照,在波长 520 nm 处测定吸光度。以吸光度为纵坐标,以麦芽糖含量(mg)为横坐标,绘制标准曲线。

表 3.4　麦芽糖标准曲线制作

管号	0	1	2	3	4	5	6
麦芽糖标准液体积/mL	0	0.2	0.6	1.0	1.4	1.6	2.0
蒸馏水体积/mL	2.0	1.8	1.4	1.0	0.6	0.4	0
麦芽糖含量/mg	0	0.2	0.6	1.0	1.4	1.6	2.0
DNS 试剂体积/mL	3.0	3.0	3.0	3.0	3.0	3.0	3.0

5. 酶活力测定

取 25 mL 具塞比色管 5 支编号，按表 3.5 加入试剂。摇匀，置水浴中煮沸 5 min，取出冷却，用蒸馏水定容至 25 mL 摇匀。以 5 号管为空白对照，在波长 520 nm 处测定吸光度，从麦芽糖标准曲线中查出麦芽糖含量，用以表示酶活性。计算萌发前后麦芽中酶活力的平均值并进行比较。

表 3.5 淀粉酶活力的测定

管号	1	2	3	4	5
	干燥种子的酶提取液		萌发幼苗的酶提取液		空白管
酶稀释液体积/mL	1.0	1.0	1.0	1.0	0
蒸馏水体积/mL	0	0	0	0	1.0
预保温	将各试管和淀粉溶液置 40 ℃恒温水浴中保温 10 min				
1%淀粉溶液体积/mL	1	1	1	1	1
保温	在 40 ℃恒温水浴中准确保温 5 min				
DNS 试剂体积/mL	3.0	3.0	3.0	3.0	3.0

五、思考题

1. 测定淀粉酶活力时应注意哪些问题？
2. 萌发种子和干种子的淀粉酶活力有何差异？这种变化有何生物学意义？

实验十九 糖化型淀粉酶活力的测定

一、实验目的

1. 学习碘量法测定葡萄糖含量的原理；
2. 了解糖化型淀粉酶活力测定的方法和操作。

二、实验原理

糖化型淀粉酶（糖化酶）催化淀粉水解生成葡萄糖，用碘量法测定所生成葡萄糖的含量就可以计算糖化酶的活力。碘量法测定葡萄糖的原理如下：

$$\begin{matrix} CHO \\ | \\ (CHOH)_4 \\ | \\ CH_2OH \end{matrix} + I_2 + 3NaOH \longrightarrow \begin{matrix} COONa \\ | \\ (CHOH)_4 \\ | \\ CH_2OH \end{matrix} + 2NaI + 2H_2O$$

葡萄糖 葡萄糖酸钠

过剩的碘与氢氧化钠作用，生成次碘酸钠和碘化钠：

$$I_2 + NaOH \rightarrow NaIO + NaI + H_2O$$

加酸后，析出游离的碘：

$$NaIO + NaI + H_2SO_4 \rightarrow Na_2SO_4 + H_2O + I_2$$

用硫代硫酸钠滴定过剩的碘：

$$I_2 + 2Na_2S_2O_3 \rightarrow Na_2S_4O_6 + 2NaI$$

根据滴定的结果可以计算葡萄糖的含量。糖化型淀粉酶活力单位的定义为：在 40 ℃，pH 4.8 条件下，催化水解可溶性淀粉在 1 h 内产生 1 mg 葡萄糖的酶量为一个酶活力单位（U）。

三、试剂和器材

（一）试剂

1. 0.05 mol/L 硫代硫酸钠溶液。

2. 0.1 mol/L 碘液。

3. 2％可溶性淀粉溶液（新鲜配制）。

4. 0.1 mol/L NaOH 溶液。

5. 2 mol/L 硫酸溶液。

6. 20％ NaOH 溶液。

7. 0.1 mol/L 乙酸－乙酸钠缓冲液（pH 4.8）：称取乙酸钠（$CH_3COONa \cdot 3H_2O$）6.7 g，又量取无水乙酸 2.60 mL，溶于蒸馏水并定容至 1 000 mL，用 pH 计校正至 pH 4.8。

（二）器材

1. 恒温水浴锅	2. 烧杯
3. 250 mL 碘量瓶	4. 容量瓶
5. 移液管	6. 酸式滴定管
7. 漏斗	8. 滤纸
9. 50 mL 具塞试管	

四、实验步骤

1. 待测酶液的制备

称取酶粉 2.0 g 于小烧杯内，用少量 pH 4.6 的乙酸－乙酸钠缓冲液溶解，用玻璃棒捣研，将上层清液小心倾入容量瓶中，容量瓶大小需根据酶粉活力决定合适的稀释倍数后选择。沉渣部分再加入少量的缓冲液反复捣研 3～4 次。最后将沉渣全部移入容量瓶中，用缓冲液定容至刻度，摇匀，用滤纸过滤，滤液即为待测酶液。

如果是液体酶制剂可直接过滤，取一定量滤液于容量瓶中加缓冲液定容至刻度，摇匀即为待测酶液。

2. 酶活力测定

往甲、乙 2 支具塞试管中各加入 2％的可溶性淀粉溶液 25 mL 及 0.1 mol/L pH 4.6 乙酸－乙酸钠缓冲液 5 mL，摇匀，在 40 ℃恒温水浴中预热 5～10 min。然后在甲管加入待测酶液 2 mL（酶活力为 110～170 u），立即计时，摇匀，在此温度下准确反应 30 min 后,立即往 2 管中各加 20% NaOH 溶液 0.2 mL,摇匀,将 2 管取出迅速用水冷却,并于乙管中补加待测酶液 2 mL 作为对照。

取上述反应液 5 mL(甲管 2 份,乙管 1 份)于 3 只碘量瓶中,各准确加入 0.1 mol/L 碘液 10 mL,再各加 0.1 mol/L NaOH 溶液 15 mL,边加边摇晃,于暗处放置 15 min 后加入 2 mol/L 硫酸 2 mL,用 0.05 mol/L 硫代硫酸钠滴定至无色为终点。酶液制备时,稀释倍数应控制在甲、乙 2 管消耗硫代硫酸钠体积的差值为 3~6 mL。

$$酶活力(U/g) = (V_A - V_B) \times c \times 90.05 \times \frac{60}{30} \times \frac{1}{2} \times \frac{32.2}{5} \times n$$

式中:V_A,空白(乙管)所消耗的硫代硫酸钠体积(mL);V_B,样品(甲管)所消耗的硫代硫酸钠体积平均值(mL);c,硫代硫酸钠浓度(mol/L);90.05,1 mL 1 mol/L 硫代硫酸钠所相当的葡萄糖质量(mg);$\frac{60}{30}$,反应时间为 30 min,转化为每小时的反应量;$\frac{1}{2}$,加入 2 mL 酶液,换算成每毫升中的酶单位数;32.2,反应液总体积(mL);5,测葡萄糖时吸取的反应液体积(mL);n,样品稀释倍数。

五、思考题

1. 酶活力测定前制备酶液时为何需要控制合适的稀释倍数?
2. 实验中用到两种不同浓度的 NaOH 溶液的作用分别是什么?

实验二十　发色底物测定大曲中 α-葡萄糖苷酶活力

一、实验目的

1. 掌握 α-葡萄糖苷酶催化的特点;
2. 通过用发色底物测定 α-葡萄糖苷酶活力实验,了解并掌握外切糖苷酶活力测定方法。

二、实验原理

淀粉酶是水解酶类中的一大类,是能够分解淀粉分子内糖苷键的酶的总称,包括了 4 种主要的酶,即 α-淀粉酶,β-淀粉酶,α-1,4-葡萄糖苷酶和异淀粉酶。α-1,4-葡萄糖苷酶即糖化型淀粉酶,其酶活力的测定多采用测定产物中还原糖含量的方法(实验十九)。但对于同时包含多种淀粉酶的材料如大曲,由于几种淀粉酶水解产物都是还原糖,所以无法准确测定单一 α-葡萄糖苷酶活力。而发色底物法可以解决这一难题,它在糖苷配基上连接了一个生色基团。α-葡萄糖苷酶活力的测定以无色的对硝基苯酚-α-D-葡萄糖苷(pNPG)作为底物,经 α-葡萄糖苷酶水解后释放出对硝基苯酚(pNP),后者在碱性条件下显黄色,通过检测波长 410 nm 处的吸光度可以对 pNP 定量分析,并进一步计算出 α-1,4-葡萄糖苷酶的活力。

三、试剂和仪器

（一）试剂

1. 0.05 mol/L 乙酸－乙酸钠缓冲液(pH5.6)：称取 16.4 g 乙酸钠，加入 12 mL 无水乙酸并定容至 1 000 mL。

2. 1.25 mmol/L 对硝基苯酚－α－D－葡萄糖苷(pNPG)：称取 75.2 mg pNPG 溶于 200 mL 乙酸－乙酸钠缓冲液。

3. 4 mmol/L 对硝基苯酚(pNP)：称取 111.3 mg pNP 溶于 200 mL 乙酸－乙酸钠缓冲液。

4. 1 mol/L 碳酸钠溶液。

5. 大曲浸提液。

（二）器材

1. 分光光度计　　　　　　　　　2. 恒温水浴锅

3. 移液管　　　　　　　　　　　4. 试管

四、实验步骤

1. 对硝基苯酚(pNP)标准曲线的绘制

取 6 支试管编号，按表 3.6 分别吸取不同体积的对硝基苯酚，用乙酸－乙酸钠缓冲溶液稀释成一系列不同浓度，加入碳酸钠溶液后，以 0 号管为空白，在分光光度计上测定 410 nm 处的吸光度，以对硝基苯酚含量(μmol)为横坐标，吸光度为纵坐标作曲线。

表 3.6　pNP 标准曲线的绘制

管号	0	1	2	3	4	5
pNP 体积/mL	0	0.01	0.03	0.06	0.09	0.15
乙酸－乙酸钠缓冲溶液体积/mL	1.0	0.99	0.97	0.94	0.91	0.85
pNP 含量/μmol	0	0.04	0.12	0.24	0.36	0.60
碳酸钠体积/mL	2	2	2	2	2	2
A_{410}						

2. α－葡萄糖苷酶活力测定

取甲、乙 2 支试管，甲管加入对硝基苯酚－α－D－葡萄糖苷溶液 0.8 mL，加入大曲浸提液 0.2 mL，迅速混匀后于 40 ℃水浴中保温 10 min，取出并立即加入 1 mol/L 的碳酸钠溶液 2mL 终止反应。乙管加入对硝基苯酚－α－D－葡萄糖苷溶液 0.8 mL 后，先加入 1 mol/L 的碳酸钠溶液 2mL，再补加大曲浸提液 0.2 mL 混匀。以乙管为空白，测定甲管反应液在波长 410 nm 处的吸光度，在标准曲线上查出相当于对硝基苯酚的量，并计算酶活力。酶活力单位定义为：在上述条件下每分钟催化生成 1 μmol pNP 所需要的酶量为一个活力单位。

$$酶活力(U/mL) = \frac{产生\ pNP\ 物质的量(\mu\ mol)}{V \times t} \times n$$

式中：V，酶液体积，0.2 mL；t，反应时间，10 min；n，酶液稀释倍数。

五、思考题

1. 在实验中为什么要做空白测定？分析本实验误差来源。
2. 比较几种不同类型淀粉酶的催化特点。

实验二十一　蛋白酶活力的测定

一、实验目的

1. 掌握测定蛋白酶活力的原理和方法；
2. 学习酶活力的计算方法。

二、实验原理

福林(Folin)试剂在碱性条件下可被酚类物质还原成蓝色化合物(钼蓝和钨蓝)，酪氨酸和色氨酸都有此颜色反应，该反应能用于对酪氨酸及蛋白质进行定量分析。

蛋白酶能催化蛋白质水解为短肽及氨基酸，蛋白酶活性越高，生成的氨基酸越多，其中的酪氨酸含量也越高。本实验采用酪蛋白作为底物，该蛋白质分子中酪氨酸含量较高，将产物中未被水解的酪蛋白除去后与福林试剂作用，根据显蓝色的深浅可以计算出酪氨酸的产生量，从而推断酶活力的大小。

三、试剂和器材

(一)试剂

1. 福林试剂：于 2 000 mL 磨口回流装置内加入钨酸钠($Na_2WO_4 \cdot 2H_2O$)100 g，钼酸钠($Na_2MoO_4 \cdot 2H_2O$)25 g，蒸馏水 700 mL，85% 磷酸 50 mL，浓盐酸 100 mL，加热至沸腾，然后用小火保持微沸，回流 10 h。去除冷凝器，加入硫酸锂 150 g，蒸馏水 50 mL，移到通风橱内煮沸，再加入数滴溴(99%)摇匀，再煮沸 15 min 以除去多余的溴，冷却，溶液呈金黄色(如呈绿色，可再加溴煮沸)。定容至 1 000 mL，混匀后过滤，贮于棕色瓶中。

2. 0.4 mol/L 碳酸钠(Na_2CO_3)溶液：称取无水碳酸钠 42.4 g，用蒸馏水溶解并定容至 1 000 mL。

3. 0.4 mol/L 三氯乙酸溶液：称取三氯乙酸 65.4 g，用蒸馏水溶解并定容至 1 000 mL。

4. 0.02 mol/L 磷酸缓冲液(pH 7.0)。

5. 1.398 中性蛋白酶。

6. 2% 酪蛋白溶液：称取酪蛋白 2 g，先用少量 0.5 mol/L NaOH 湿润，加入适量缓冲液，沸水浴中加热搅拌使完全溶解，若有不溶物需过滤除去。冷却后移入

100 mL 容量瓶中,加缓冲液至接近刻度,调节溶液 pH 至 7.0,最后用缓冲液定容至刻度。

7. 标准酪氨酸溶液(100 μg/mL):精确称取预先于 105 ℃干燥 2～3 h 的 L－酪氨酸 0.10 g,加 1 mol/L 盐酸 6mL 使其溶解,再用 0.2 mol/L 盐酸定容至 100 mL,得 1 mg/mL 的酪氨酸溶液。取此溶液 10 mL,用 0.2 mol/L 盐酸定容至 100 mL,即为 100 μg/mL 的酪氨酸标准溶液。

（二）器材

1. 分光光度计   2. 恒温水浴锅
3. 离心机   4. 漏斗
5. 试管   6. 移液管
7. 烧杯

四、实验步骤

1. 酪氨酸标准曲线的绘制

取 6 支试管编号,按表 3.7 准确加入不同体积的标准酪氨酸溶液和蒸馏水,混匀,得到各种不同浓度的酪氨酸标准溶液。向各管加入 0.4 mol/L Na_2CO_3 溶液 5 mL 及福林试剂 1 mL,摇匀,于 40 ℃恒温水浴中显色 20 min,以 0 号管为空白,在波长 680 nm 处测定各管吸光度。然后以吸光度为纵坐标,酪氨酸浓度为横坐标绘制标准曲线,使曲线通过零点,从标准曲线求出吸光度为 1 时酪氨酸的质量(μg)(K 值)。

表 3.7　酪氨酸标准曲线的绘制

管号	0	1	2	3	4	5
标准酪氨酸溶液体积/mL	0	0.1	0.2	0.3	0.4	0.5
蒸馏水体积/mL	1.0	0.9	0.8	0.7	0.6	0.5
酪氨酸质量浓度/(μg/mL)	0	10	20	30	40	50
0.4 mol/L 碳酸钠溶液/mL	5	5	5	5	5	5
福林试剂体积/mL	1	1	1	1	1	1

2. 酶液的制备

称取酶粉 2.00 g,用少量磷酸缓冲液溶解并用玻璃棒捣研。将上层清液小心倾入容量瓶中,容量瓶大小应根据酶活力单位决定稀释倍数后选择。沉渣部分再加入少量上述缓冲液,如此反复捣研 3～4 次,最后连同沉渣一起倒入容量瓶中,加缓冲液定容至刻度。于 4 000 r/min 离心 5 min 除去不溶物,上清液即为待测酶液。

3. 酶活力测定

将 2％酪蛋白溶液放入 40 ℃恒温水浴中预热 3～5 min。同时取 3 支试管编号,0 号为空白,1、2 为平行样品试验。准确吸取待测酶液 1 mL,分别放入 3 支试管中,在 40 ℃恒温水浴中预热1～2 min,向 0 号管内加入 0.4 mol/L 三氯乙酸溶液 2 mL摇匀使酶变性失活,再向 3 支试管中各加入已预热的 2％酪蛋白溶液 1 mL,立即计时并摇匀,在 40 ℃精确反应 10 min,然后立即往 1、2 号管加入 0.4 mol/L 三氯乙酸溶液 2 mL 终止酶促反应,摇匀,取出静置 10 min,使未反应的酪蛋白沉淀完全,用滤纸过滤反应液。

另取 3 支试管编号,分别吸取上述滤液 1 mL 于对应的试管内,各加入 0.4 mol/L 碳酸钠溶液 5 mL,福林试剂 1 mL,于 40 ℃ 恒温水浴内保温 20 min 显色。以 0 号管为空白对照,在波长 680 nm 处测定 1、2 号管的吸光度,求出平均值。样品溶液的吸光度应控制为 0.2~0.4,否则必须调整酶液的稀释倍数后重新测定。

蛋白酶活力单位的定义为:在 40 ℃,最适 pH 条件下,每分钟水解酪蛋白产生 1 μg 酪氨酸的酶量为一个蛋白酶活力单位。据此计算酶活力:

$$酶活力 = \frac{4}{10} \times K \times n \times A_{680}$$

式中:K,标准曲线上吸光度值为 1 时所相当的酪氨酸质量(μg);n,酶液稀释倍数;4,酶反应液为 4 mL,取出 1 mL 测定,故乘以 4;10,反应时间为 10 min。

五、思考题

1. 本实验中使用三氯乙酸的作用是什么?
2. 该方法测定蛋白酶活力的误差来源主要有哪些?

第四篇

生物分子的分离技术

16 生物分离的一般过程和特点

生物分子通常处于成分复杂的混合物中,当需要得到某种纯的生物分子产品,或是对某种生物分子的化学组成、结构、理化性质和功能进行研究时,必须通过分离纯化,将目标分子从混合物中提取出来,这就需要用到生物化学分离技术,这些分离技术的原理是基于不同分子的理化性质或生物学性质上的差别。不同生物分子的分离纯化是一项艰巨的工作,并不存在一套普遍适用的方法,而需要针对目标分子的特点选择出适当有效的方法,并通过实践不断完善而确定。尽管不同物质分离纯化时并不存在普遍适用的方法,但还是有一些共同的原则、一般的操作程序、方法和过程可以遵循和采用。不同生物分子在进行分离纯化时,大致过程可分为前处理、粗分级和细分级3个主要阶段。

生物分离过程首先通过合理选材,挑选目标分子含量高、成本低、易于提取的生物材料作为分离纯化的对象。前处理的任务是将目标分子从其所处的复杂环境中释放出来并实现固液分离,形成包含目标分子的溶液,作为下一步分离纯化的原料。不同的生物分子所处的环境不同,前处理的复杂程度也不同。相对易于处理的是微生物发酵法得到的胞外产物,其前处理只需进行简单的固液分离,得到的清液就可以作为下一步分离纯化的对象。对于分布在细胞内的目标物质,首先需要破碎细胞将其游离出来。破碎细胞的方法很多,应根据细胞的种类和细胞壁的特性选择合适的方法。

经前处理得到的含有目的蛋白的溶液成分非常复杂,含有大量的杂质,因此人们首先选用一些粗放的方法将所需蛋白质与大量的杂质进行分离,除去其中相当一部分杂质,这就是粗分级过程。粗分级的特点是方法简便,处理量大,既能除去大量杂质,又可浓缩目标物质,但是经粗分级不能得到纯度很高的产物。沉淀技术和膜分离技术是粗分级阶段常用的分离方式,主要包括盐析、有机溶剂沉淀、等电点沉淀、透析和超滤等。如果对产品的纯度要求不高,则通过粗分级就可完成分离提纯的任务,得到的是含有相当一部分杂质的蛋白质产品;如果需要得到纯度高的蛋白质,则必须进一步分离纯化。

在粗分级基础上通过对样品进一步细分级纯化,才能达到较高的纯度要求。细分级的特点是所用方法的分辨率较高,可基本除去杂质,得到较纯的产物,但往往规模较小,处理量不大,且所用仪器设备成本较高。细分级使用的方法主要包括:层析法、电泳法和超离心法。其中层析法包括凝胶过滤层析、离子交换层析、吸附层析和亲和层析等。电泳法包括纸电泳、凝胶电泳和等电聚焦等。离心法按照离心时的转速分为低速离心、高速离心和超速离心。

在整个分离纯化过程中，对目标分子的回收率和纯化倍数的计算是衡量方法好坏的基础，为此，建立一套特定的、专一性强而又相对易于操作的目标分子测定方法非常重要。生物小分子的检测多建立在其理化反应性质的基础上。对于具有特定生物活性的大分子如酶制剂，人们通常用活力单位来表示其含量；对于非活性蛋白质和其他一些生物大分子，可以通过化学方法、免疫学方法或高效液相色谱法（HPLC）等方法来直接测定其质量或浓度。

17 生物样品的预处理

17.1 固液分离

固液分离的主要手段是离心和过滤。

离心技术是利用固体颗粒与液体存在密度差，通过提供离心场使之加速沉降的方法。按照用途不同，离心机可分为工业用离心机和实验用离心机，它们在转速、分离形式、操作方式和结构特点等多方面存在差异。实验用离心机又有台式和立式之分，其中高速和超速离心机都带有冷却装置。离心分离的优点是速度快，效率高，样品不易被污染。例如，分离低黏度介质中的细菌，在 $2\,000 \sim 3\,000\ g$ 的离心力下 $10 \sim 15\ min$ 就可以实现完全沉降。除了分离菌体，在初分级阶段利用沉淀技术将目标分子沉淀后也可通过离心法收集，利用超离心技术还可以直接分离生物大分子，此外该技术还能用于蛋白质等生物大分子的特性研究和纯度分析。离心技术的局限性在于不能分离颗粒大小和密度相同而物性不同的物质，对小分子物质分离效果欠佳或无法分离，并且设备投资较大。

过滤技术同样在实验室和工业规模被广泛使用，主要目的是除去溶液中的菌体或不溶物颗粒。在实验室规模，滤纸是常用的过滤介质，可以在常压或减压条件下进行，压力差和颗粒浓度是影响过滤速度的主要因素。较大规模的过滤通常使用加压设备，如板框压滤装置，以有效提高过滤速度。过滤技术的优点是设备简单，成本低，能够分离密度差异不大的固液相，但是无法直接对生物大分子进行分离，滤液损失相对较大，过滤系统需要定时清洗。

当固液混合物的黏度较大时，直接采用离心或过滤的方法往往效果不佳，此时可以通过添加适当的絮凝剂，使固相物质絮凝成块状而除去。常用的絮凝剂包括淀粉、树脂、单宁类物质和纤维素衍生物等。

17.2 细胞的破碎

很多待分离物质是胞内产物，需要通过细胞破碎才能将其释放到胞外溶液体系中。细胞破碎的方法很多，按其是否使用外加作用力可分为机械法和非机械法两大类，每一类又可以根据其所运用的是化学的、物理的或机械的手段进行细分（图 4.1）。

在对细胞进行破碎时，应当针对不同的材料，选用适当的破碎方法。一般来说，对于动物组织和细胞，由于没有细胞壁，相对较容易破碎，常用匀浆法和超声破碎法；植物细胞外有一层由纤维素、半纤维素、果胶质等组成的细胞壁，可通过添加纤维素酶处理，再用研磨的方法促进其破裂；对于微生物细胞，不同的种类的细胞壁的主要成分有所不同，可根据微生物的种类添加相应的水解该细胞壁的酶,然后配合以研磨促使细胞破裂;也可控制条件使细胞自溶,这是利用微生物自身分泌的酶将细胞水解;或者用超声破碎法亦可使细胞破裂。

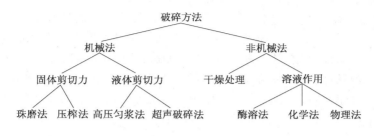

图 4.1 细胞破碎方法分类

17.3 生物分子的提取技术

从生物样品中提取某种物质时,目标分子往往处在各种生物悬浮液中,包括动植物细胞培养液、微生物发酵液、动物血液、乳液、动物植物组织提取液和细胞破碎液等。这些悬浮液通常有以下特征:① 目标产物浓度比较低,组分非常复杂,是含有细胞、细胞碎片、蛋白质、核酸、脂类、糖类和无机盐类等多种物质的混合物;② 分离过程很容易发生失活现象,pH、离子强度和温度等变化常常造成产物的失活;③ 性质不稳定,易随时间变化,如受空气氧化,微生物污染,酶水解作用等。根据上述性质,分离过程应该做到操作简单迅速,控制好温度和 pH 等操作条件,减少或避免与空气接触和受污染的机会,设计好分离顺序等。同时,需要根据所选材料和目标分子的特点,设计合适的提取方法和策略。

18 生物分子的粗分级

18.1 浓缩技术

当目标产物浓度很低时,浓缩是提高有效成分含量,以便于进一步分离纯化或沉淀结晶得到固体产物的重要手段。浓缩的方法很多,在工业化规模上,主要有蒸发浓缩、常压浓缩、减压(真空)浓缩和膜过滤浓缩等方法,而在实验室规模,常用的方法包括沉淀法、减压透析、超滤、吸水剂浓缩法和减压蒸馏等。

蒸发浓缩是广泛使用的浓缩方法,利用加热使溶剂气化而体积缩小。减压浓缩则是利用低压下溶剂沸点下降,从而在相对较低的温度下蒸发。实验室常使用旋转蒸发装置来实现此浓缩过程。该方法的优点是成本低,样品处理量大,但是由于需要加热,不适合处理热不稳定性的生物大分子。

吸水剂浓缩法是实验室规模浓缩较小体积样品的一种简单有效的方法,通过将吸水剂添加到样品溶液中,吸水剂能吸收水分和一些小分子物质而膨胀,再通过固液分离可以得到体积大大缩小的样品。吸水剂一般为化学惰性的多聚物,如葡聚糖凝胶(Sephadex G 系列)和聚丙烯酰胺凝胶(Bio-Gel P 系列),可以以干胶形式直接加入到样品溶液中,放置 15～20 min,当凝胶吸水膨胀后采用离心或滤纸过滤的方法除去凝胶即可。此外，聚乙二醇（PEG）、聚乙烯吡咯烷酮（PVP）和羧甲基纤维素（CMC）等聚合物也具有强大的吸水能力，但是它们吸水后溶于水，故不能直接添加到样品中，可以将少量样品放置在透析袋内，聚合物在半透膜的外侧吸收水分。

沉淀技术和膜分离技术也是对样品进行浓缩的有效手段。通过将目标物质选择性沉淀后重新溶解在小体积的溶剂中可以实现浓缩。而膜分离技术通过提供外力使水分子强制通过半透膜，而目标分子截留在膜内侧达到浓缩目的。在少量样品处理时，减压透析和离心管式超滤是方便快捷的手段。前者通过抽真空增加透析袋内外侧的压力差，迫使水渗透流出透析袋；后者在离心管的中部放置一层超滤膜，通过离心力的作用使放置在离心管上部的样品中的水分子透过超滤膜进入离心管下部，从而使管上部的样品得以浓缩。

18.2 沉淀技术

沉淀是通过改变条件降低溶质分子在液相中的溶解度，使其由液相变成固相析出的过程。沉淀技术是分离纯化各种生物物质常用的一种经典方法，此外沉淀还能起到澄清、浓缩或保存样品的作用。沉淀技术的优点是所需设备简单、成本低、便于小批量生产；缺点是所得沉淀物通常纯度较低，含有大量的盐类或包裹着溶剂。沉淀技术多用于生物大分子的分离，因为小分子物质的溶解度对溶液性质的改变往往不太敏感，需要和浓缩等方法结合使用才能实现有效的沉淀或结晶，而蛋白质、核酸和多糖等生物大分子溶解后形成的胶体溶液的稳定性相对较差，当溶液条件变化后会引起溶解度的较大改变而发生沉淀。常用的沉淀方法包括盐析、有机溶剂沉淀、等电点沉淀、聚合物沉淀、免疫沉淀和选择性变性沉淀等。

盐析法被广泛应用于蛋白质的沉淀分离。一般来讲低浓度中性盐离子的存在有利于蛋白质表面双电层的形成，增加蛋白质与溶剂的作用力而使溶解度增大，称为盐溶。当中性盐浓度继续增加时，溶液水分子定向排列，活度大大减少，蛋白质表面电荷被中和，水化层被破坏而发生沉淀，称为盐析。在盐析过程中，不同蛋白质发生沉淀所需的盐浓度是不同的，因此可以根据需要逐步提高蛋白质溶液中的盐浓度，使不同的蛋白质分批发生沉淀，称为分级盐析。不同的离子使蛋白质发生沉淀的能力存在较大的差异，根据离子促变序列，单价离子的盐析效果较差，多价离子的效果好，阴离子的效果比阳离子好，同价离子间也存在很大差异，主要离子的盐析能力排序如下：

阴离子：柠檬酸根＞酒石酸根＞PO_4^{3-}＞F^-＞IO_3^-＞SO_4^{2-}＞乙酸根＞$B_2O_3^-$＞Cl^-＞ClO_3^-＞Br^-＞NO_3^-＞ClO_4^-＞I^-＞SCN^-

阳离子：Al^{3+}＞H^+＞Ba^{2+}＞Sr^{2+}＞Ca^{2+}＞Mg^{2+}＞Cs^+＞Rb^+＞NH_4^+＞K^+＞Na^+＞Li^+

其中$(NH_4)_2SO_4$由于其溶解度大，密度小且溶解度受温度影响小，价格便宜，对目的物的稳定性好，盐析效果好等优点，成为盐析中最常使用的盐。盐析法的优点在于不会破坏蛋白质的生物活性，但此过程引入的大量盐离子在后续步骤中不一定能完全清除，可能对人体产生不利影响，因而在食品工业中使用的酶和蛋白质的分离一般不能使用此法。

生物大分子的水溶液中加入乙醇、丙酮等能与水互溶的有机溶剂后，它们的溶解度会显著降低而从溶液中沉淀出来，此方法称为有机溶剂沉淀法。沉淀的原理是有机溶剂的加入会使溶液的介电常数大大降低，加大分子间的静电引力，同时亲水有机溶剂会争夺大分子表面的水分子，使水化层被破坏，从而分子之间易碰聚产生沉淀。蛋白质在有机溶剂中的溶解度与温度、pH 和离子强度等因素有关,而在上述条件保持不变的情况下,不同蛋白质发生沉淀所需的有机溶剂浓度是不同的,因此通过有机溶剂分级沉淀,逐步提高溶液中有机溶剂的浓度,使蛋白质分批沉淀下来,可以对蛋白质进行有效的分离。相对而言,该方法的优点是分辨率比盐析法高,且溶剂易除去并可以回收,但缺点是易使生物大分子发生变性,适用范围有一定的限制。有机溶剂沉淀法分离蛋白质一般在低温下进行,有机溶剂应当预冷至很低的温度,添加有机溶剂时应缓慢并轻轻搅拌,防止造成局部浓度过大,并尽可能缩短操作时间,从而将蛋白质的变性程度降至最低。

18.3　膜分离技术

膜分离技术是根据分子大小不同进行分离的技术,以选择性透过膜为分离介质,当膜两侧存在某种推动力(如压力差、浓度差和电位差等)时,原料中的组分选择性地透过膜,从而达到分离纯化的目的。膜分离技术种类较多,不同的膜分离技术使用的膜的种类不同,推动力也不同,图4.2和表4.1中参数比较了这些技术在膜孔径、推动力和应用范围等方面的区别。其中透析和超滤是实验室规模最常用的膜分离技术。

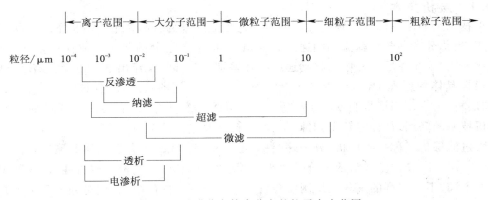

图4.2　6种膜分离技术分离的粒子大小范围

表4.1　6种膜分离技术的比较

技术类型	推动力	传递机理	透过物	截留物	膜类型
微滤	压力差	颗粒大小形状	水,溶剂,溶解物	悬浮物颗粒	纤维多孔膜
超滤	压力差	分子特性,大小形状	水,溶剂,小分子	胶体和超过截留相对分子质量的分子	非对称性膜
纳滤	压力差	离子大小及电荷	水,离子	有机物	复合膜
反渗透	压力差	溶剂的扩散传递	水,溶剂	溶质,盐	非对称性复合膜
透析	浓度差	溶质的扩散传递	低相对分子质量物质,离子	溶剂	非对称性膜
电渗析	电位差	电解质离子的选择传递	电解质离子	非电解质,大分子物质	离子交换膜

透析主要用于蛋白质溶液的脱盐,同时可以除去部分小分子杂质,将样品溶液倒入透析袋后将透析袋浸泡在充满蒸馏水的容器中,透析袋内的小分子杂质可以自由穿过半透膜,将顺着浓度梯度从透析袋内渗透到容器的水中,直到内外浓度相等,而蛋白质等大分子由于不能通过半透

膜,将被截留在透析袋内。通过将装有样品溶液的透析袋浸泡在特定的缓冲液中还能实现缓冲液交换的目的,这在离子交换层析之前经常使用。此外使用减压透析技术或者在透析袋外侧放置吸水性多聚物还能实现对样品的浓缩。

超滤技术无论在实验室规模还是工业生产中都得到了广泛的使用。通过泵的作用对样品溶液施加一定的压力,迫使小分子和水透过超滤膜,而蛋白质等大分子由于不能通过超滤膜而被阻挡在膜内。超滤不仅能除去小分子物质,还可除去水,因此是常用的浓缩大分子样品的方法。超滤膜有着不同的型号,截留相对分子质量是其主要指标,不同的膜截留相对分子质量的范围可以从数千到几十万不等。通过选用不同规格的超滤膜进行 2 次以上超滤过程,可以对样品组分按相对分子质量大小进行分级分离。

19 生物分子的细分级

19.1 层析技术

层析技术是利用不同物质理化性质的差异而建立起来的分离技术。层析系统由固定相和流动相组成,当待分离混合物随流动相通过固定相时,由于各组分的理化性质存在差异,在两相中的分配比不同,因此在层析柱中的移动速度存在差别。分部收集流出液,可达到将各组分分离的目的。根据具体的原理不同,层析技术分为很多种类,常用的包括:凝胶过滤层析、离子交换层析、亲和层析、疏水作用层析和反相层析等。层析技术是分辨率较高的技术,通过一步层析或者几种层析技术的联用,往往能够得到纯度高的目标产物。

凝胶过滤层析又称排阻层析、分子筛层析,是实验室常用的纯化蛋白质和测定蛋白质相对分子质量的方法。凝胶过滤层析依据分子大小不同进行分离,混合物流经层析柱时,各种物质依据分子大小不同,不同程度的进入三维网状凝胶颗粒而受到不同的阻力,相对分子质量大的先被洗脱,相对分子质量小的后被洗脱(图 4.3)。最常用的凝胶是交联葡聚糖凝胶,商品名称是Sephadex。交联葡聚糖凝胶按交联度的差异有不同的型号,每种型号能分离蛋白质的范围是不同的,如表 4.2 所示,对生物分子进行分离时应根据其相对分子质量选择合适的凝胶种类。

表 4.2 交联葡聚糖凝胶的型号与特性

型号	M_r 分级范围	得水值/(mL/g 干胶)	床体积/(mL/g 干胶)
Sephadex G-10	< 700	1.0	2~3
Sephadex G-15	< 1 500	1.5	2.5~3.5
Sephadex G-25	1 000~5 000	2.5	4~6
Sephadex G-50	1 500~30 000	5.0	9~11
Sephadex G-75	3 000~80 000	7.5	12~15
Sephadex G-100	4 000~150 000	10	15~20
Sephadex G-150	5 000~300 000	15	20~30
Sephadex G-200	5 000~600 000	20	30~40

离子交换层析是一种以离子交换剂作为固定相,以不同 pH 和离子强度的缓冲液作为流动相的层析技术。离子交换剂是一类在水不溶性高分子惰性化合物上共价连接上带电基团的物

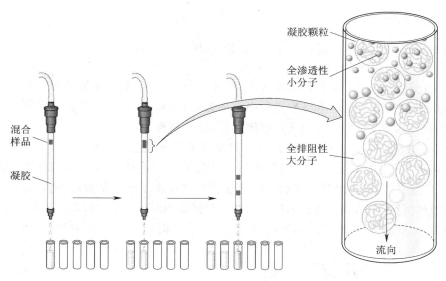

凝胶颗粒

全渗透性
小分子

全排阻性
大分子

混合
样品

凝胶

流向

图 4.3　凝胶过滤层析原理图

质,由于它们本身带电荷,能够吸附溶液中带相反电荷的物质。在特定的 pH 条件下,不同分子所带电荷的种类、数量及在分子表面的分布不同,从而与离子交换剂的结合强弱存在差异,在层析过程中移动速度不同而得以分离。离子交换剂种类较多,根据惰性支持物的不同,有离子交换树脂、离子交换纤维素和离子交换凝胶等;根据引入带电荷基团的情况,又分为阴离子交换剂和阳离子交换剂。为了将吸附在离子交换剂上的目标物质洗脱下来,常用的方法是提高流动相的离子强度或改变 pH,根据离子强度或 pH 改变的方式,还可分为梯度洗脱和阶段洗脱。离子交换层析有着较高的选择性和分辨率,较为简单的操作,既适合分析水平的微量分离,也适合较大规模的制备,对于稀样品还能起到浓缩的效果。

19.2　电泳技术

在外电场的作用下,带电颗粒将向电性相反的电极移动,这种现象称为电泳,利用这种现象对不同分子进行分离的技术称为电泳技术。电泳技术目前主要用于生物大分子特别是蛋白质和核酸的分离纯化、纯度鉴定、相对分子质量和等电点等特性分析等。电泳过程一般都在特定介质中进行,最常用的是凝胶电泳,此外还有纸电泳、薄膜电泳和粉末电泳等,而聚丙烯酰胺凝胶和琼脂糖凝胶是使用最广泛的两种凝胶介质,其中琼脂糖凝胶是大孔型胶,多用于核酸电泳,而聚丙烯酰胺凝胶多用于蛋白电泳。电泳技术拥有很多优点,包括:操作简单,分辨率高,可同时对多个样品分析,灵敏度高,易于特异检测,能给出结合图谱。

天然聚丙烯酰胺凝胶电泳(native-PAGE)是保持蛋白质天然构象条件下的电泳,通常采用不连续电泳体系,凝胶分为浓缩胶和分离胶,两种胶的孔径大小、缓冲液成分、pH 及电场强度都是不同的。在 native-PAGE 中,浓缩效应、电荷效应和分子筛效应决定了蛋白质的迁移行为,电泳样品在浓缩胶中被浓缩成很窄的区带,有效地提高了后续分离的分辨率,进入分离胶以后,不同蛋白质因为所带电荷数量、分子大小和形状不同而具有不同的迁移速度,最终在分离胶的不同位置形成区带,经染色和脱色步骤后进行观察和分析。蛋白质在电泳过程中的迁移行为用电泳迁移率(m)来表示：

$$m = \frac{v}{E} = \frac{Q}{6\pi r\eta}$$

式中：v 为迁移速度；E 为电场强度；Q 为被分离分子所带净电荷；r 为分子半径；η 为介质黏度。因此蛋白质的电泳迁移速度与本身所带的净电荷数量、颗粒大小和形状有关。所带净电荷越多，颗粒越小，越接近球形，则在电场中迁移速度越快，反之越慢。

　　SDS-聚丙烯酰胺凝胶电泳(SDS-PAGE)是变性条件下的电泳技术，通过加入 β-巯基乙醇和SDS 完全破坏蛋白质天然构象。由于蛋白质与 SDS 按固定的比例结合，结合后带上相同密度的负电荷，使形成的复合物具有相同的荷质比，电泳迁移率仅取决于分子筛效应，电泳迁移率与相对分子质量的对数值呈线性关系，将待分离蛋白质样品与标准相对分子质量样品同时进行电泳，不仅可以分离蛋白质，对样品进行纯度鉴定，还能够测定出蛋白质的相对分子质量(图 4.4)。

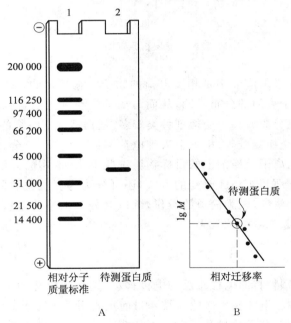

图 4.4　SDS-PAGE 测定蛋白质的相对分子质量

A. SDS-PAGE 结果；B. 相对分子质量对数与相对迁移率关系曲线

　　等电聚焦(IEF)也是一种常用的电泳方法，该方法利用两性电解质在凝胶中建立起一个从阳极到阴极逐渐增加的 pH 梯度，在进行电泳时蛋白质分子将依据等电点不同而得到分离。等电聚焦是单向电泳中分辨率最高的方法，可分离等电点仅相差 0.01～0.02 个 pH 单位的蛋白质，因而能有效地分离蛋白质，还用来测定蛋白质的等电点。在对复杂蛋白样品进行电泳分离分析时，可以采用双向电泳手段。双向电泳就是将样品经第一向电泳后，在它的垂直方向再进行第二向其他类型的电泳，因此分辨率大大提高，获得的信息也明显增多，常用于分析复杂样品及绘制蛋白质图谱，可检出的蛋白质多达上千个。目前的双向电泳大多第一向为水平条等电聚焦，第二向为水平板梯度 SDS-PAGE。

19.3 离心分离技术

离心分离技术是根据颗粒在匀速圆周运动时受到外向离心力的行为发展起来的分离分析技术。离心分离过程是一个沉降过程,某一质点在离心力场中获得的离心力比重力大 $10^3 \sim 10^6$ 倍,对于密度差较小、颗粒粒度较细的非均相物质,离心可大大提高沉降效率。

离心分离技术根据所用转速和离心力的大小可分为低速离心(转速 8 000 r/min 以下,相对离心力 10 000 g)、高速离心(转速 10 000 ~ 25 000 r/min,相对离心力 10 000 ~ 100 000 g)和超速离心(转速 25 000 ~ 150 000 r/min,相对离心力 100 000 ~ 1 000 000 g)。在实验室规模,离心分离技术的应用主要包括固液分离,生物大分子的分离制备和样品纯度的检测、沉降系数和相对分子质量测定等。固液分离最为常用,包括细胞、细胞碎片、细胞器及培养基残渣的分离,生物分子沉淀后的分离等。根据沉淀物质的颗粒大小和密度等性质,一般采用低速离心或高速离心即可达到目的。在活性物质分离时,离心过程应注意温度控制,防止转子高速运转产生的高温使目标分子变性失活。在采用高速以上离心时通常都使用冷冻离心机。利用差速离心、密度梯度离心等超离心技术,能够将相对分子质量和密度不同的生物分子分级沉淀而分离。利用分析型离心机和转子还能实时监测目标分子区带在离心场中的沉降行为,从而进行纯度鉴定、沉降系数和相对分子质量的测定。

20 实验部分

实验二十二 酵母 RNA 的提取及其组分的鉴定

一、实验目的

1. 掌握以酵母为原料提取粗 RNA 的方法和操作;
2. 掌握核酸粗品中各组分的鉴定方法。

二、实验原理

酵母中 RNA 的含量比较丰富,而 DNA 的含量相对较少,因此从酵母中提取 RNA 比较方便。RNA 溶于碱性溶液,酵母粉在稀碱液中加热,可将其中的 RNA 抽提出来。当碱性溶液被中和以后,加入 2 倍体积的 95% 乙醇,可以使抽提物沉淀出来。抽提物的主要成分是 RNA 的钠盐,并带少量的蛋白质。需要注意的是,用碱提取的 RNA 会有不同程度的降解。

地衣酚(3,5-二羟基甲苯)是比较灵敏的测定戊糖的试剂,常用于测定 RNA。地衣酚试剂反应灵敏,但也易受其他物质的干扰,DNA 中的脱氧核糖也能与地衣酚试剂起反应。二苯胺试剂常用于测定 DNA 中的脱氧核糖,RNA 中的核糖一般不与二苯胺起反应。双缩脲反应是检验蛋白质常用的颜色反应,但如果蛋白质含量很低时,此显色反应不易观察到。

三、试剂和器材

（一）试剂

1. 酵母粉。

2. 0.5%和10% NaOH溶液。

3. 乙酸。

4. 95%乙醇。

5. 1%硫酸铜溶液。

6. 10%硫酸溶液。

7. 氨水。

8. 5%硝酸银溶液。

9. 地衣酚试剂：见实验五Ⅱ。

10. 质量溶度为15%的二苯胺试剂：称取二苯胺15 g，溶于100 mL高纯度的无水乙酸中，再加1.5 mL浓硫酸，混合后存于暗处。

（二）器材

1. 离心机	2. 恒温水浴锅
3. 电子天平	4. 电炉
5. 量筒	6. 离心管
7. 烧杯	8. 试管

四、实验步骤

1. RNA提取

取酵母粉4 g，放入100 mL烧杯中，加0.5% NaOH溶液30 mL混匀。烧杯置沸水浴中加热30 min，并不时搅拌。加热完毕，加入乙酸4～5滴使溶液呈微酸性（用pH试纸检测），然后倒入离心管中于3 000 r/min离心15 min。取上清液缓慢加入2倍体积95%乙醇，边加边搅拌，最后静置待其沉淀完全。再次倒入离心管中于3 000 r/min离心15 min，将沉淀物用95%乙醇分2次洗涤，洗涤时用玻棒轻轻搅动沉淀以免下层沉淀洗涤不到，得到沉淀即为RNA粗品。

2. 组成成分的鉴定

将上述提取的RNA溶于5 mL 10%的硫酸溶液，煮沸1～2 min进行水解。

（1）取水解液0.5 mL，加入地衣酚试剂1 mL，在沸水浴中煮沸3～5min，观察颜色变化。

（2）取2 mL水解液，加氨水2 mL及5%硝酸银1 mL，摇匀观察是否产生絮状嘌呤银化合物（如不出现，放置一会再观察）。

（3）取1 mL RNA水解液，加10% NaOH溶液10滴，摇匀后加1%硫酸铜溶液2滴，静置一会观察有无紫玫瑰色出现。

（4）取1 mL RNA水解液，加2 mL二苯胺试剂，摇匀后在沸水浴中加热10 min，观察颜色变化。

从上述 4 个反应的情况,说明从酵母中提取的物质是不是 RNA,其中包含哪些杂质。

五、思考题

1. 核酸的提取与制备常用的方法有哪几种? 说明各种方法的特点和应用。
2. 如何才能除去粗品中的其他杂质得到纯的 RNA?

实验二十三　核苷酸的 DEAE-纤维素薄板层析法

一、实验目的

1. 了解薄板层析法分离生物分子的原理;
2. 掌握薄板层析法的主要操作。

二、实验原理

二乙胺乙基纤维素(DEAE-纤维素)是弱碱性阴离子交换剂,在 pH 3.5 左右可发生解离带上正电荷(图 4.5),带负电荷的核苷酸能以静电引力与之结合。利用在特定溶液条件下各种核苷酸带电荷量不同,与 DEAE-纤维素的结合力不同,进行展开时在层析板上移动的速度也不同,从而能达到分离核苷酸的目的。薄板层析法一般具有快速和灵敏度高的特点。

图 4.5　DEAE-纤维素的功能基团和解离

三、试剂和器材

(一)试剂

1. 1 mol/L NaOH 溶液。

2. 2 mol/L 盐酸。

3. 0.05 mol/L柠檬酸-柠檬酸钠缓冲液(pH 3.5):称取柠檬酸 16.2 g,柠檬酸钠 6.7 g,溶解定容至 2 000 mL。

4. DEAE-纤维素(层析用)。

5. 4 种核苷酸溶液(浓度为 5~10 μg/mL)。

(二)器材

1. 薄板层析用层析板	2. 层析缸
3. 微量注射器	4. 电吹风
5. 紫外检测仪	6. 烧杯

四、实验步骤

1. DEAE−纤维素的预处理

DEAE−纤维素先用水洗，抽干后用 1 mol/L NaOH 溶液浸泡 4 h(或轻搅拌 2 h)，抽干并用蒸馏水洗至中性，再用 1 mol/L 盐酸浸泡 2 h(可轻搅拌 1 h)，抽干，再用蒸馏水洗至 pH 7.0 待用。

2. 铺板

将预处理的 DEAE−纤维素放在烧杯里，加少量的水调成稀糊状，搅匀后立即倒在干净的层析板上，用玻璃棒涂成均匀的薄层，然后轻轻摇匀，自然干燥或 60 ℃烘箱内烘干待用。

3. 点样

样品浓度为 5～10 mg /mL 时，点样量为 5～10 μL 为宜。先在距离 DEAE−纤维素板一端 2 cm 处用铅笔轻划一横线，横线每隔 2.5 cm 点一个样品，每次点样后用电吹风的冷风吹干。点样时点的直径应控制在 3 mm 之内。每点一样品后微量注射器用蒸馏水洗 3 次。

4. 展开

在层析缸内倒进约 1 cm 高 pH 3.5 的柠檬酸缓冲液，把点好样品的层析板插入层析缸内，点样端在下端，使溶剂由下而上移动展开(图 4.6)。经 10～20 min 后取出层析板，用电吹风吹干。然后在 260 nm 的紫外线照射下观察核苷酸在层析板上的斑点。DEAE−纤维素可以回收，经碱和酸处理后可反复使用。

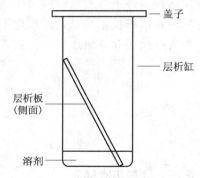

图 4.6　薄板层析示意图

五、思考题

1. 薄板层析法分离核苷酸混合物的原理是什么？几种核苷酸在进行展层时移动速度快慢顺序如何？

2. 比较薄板层析法和离子交换层析法分离生物分子的特点。

实验二十四　氨基酸纸层析及蛋清氨基酸成分研究

一、实验目的

1. 学习掌握单向和双向纸层析法分离及鉴定氨基酸的基本原理和技术；
2. 了解蛋清氨基酸的组成。

二、实验原理

纸层析是以滤纸作为惰性支持物的分配层析，纸纤维上的羟基具有亲水性，能吸附一层结合水作为层析的固定相，而有机溶剂作为流动相，由于不同的物质在两

相中的分配系数 K_d 不同,当流动相流经固定相时,溶质不断在两相之间分配,在展层过程中表现为在滤纸上移动速度的差异而被分开,集中在滤纸上的不同区段。将滤纸烘干后用茚三酮丙酮溶液显色,可以得到清楚的氨基酸层析图谱。溶质组分在纸上的移动速率,即物质分离后在图谱上的位置用 R_f 值表示。在相同的实验条件下,R_f 值为一特征性常数,由于不同物质分配系数不同,R_f 值也不同,因此,根据测定的 R_f 值与标准样品对照就可对被检物质定性。如需作定量测定可将显色斑点剪下洗脱,与标准进行比色分析。R_f 值除其物质结构的影响外,还受 pH、温度、展层方式和滤纸的影响。

本实验利用纸层析测定已知氨基酸的 R_f 值并对蛋清水解液的氨基酸进行组分分析。

三、试剂和器材

（一）试剂

1. 标准氨基酸溶液（1 mg/mL）：分别称取脯氨酸、赖氨酸、苏氨酸、缬氨酸5 mg,分别溶于 5 mL 蒸馏水中。

2. 混合氨基酸溶液：分别称取上述 5 种氨基酸 2.5 mg 于 5 mL 蒸馏水中,混匀。

3. 碱性展开剂：正丁醇：12% 氨水：95% 乙醇＝13：3：3（体积比）。

4. 酸性展开剂：正丁醇：80% 甲酸：水＝15：3：2（体积比）。

5. 0.1% 茚三酮丙酮溶液：称取 0.1 g 茚三酮溶于丙酮并稀释至 100 mL。

6. 鸡蛋蛋清。

7. 6 mol/L 盐酸。

8. 硫酸铜乙醇溶液：1% 硫酸铜：75% 乙醇＝2：38（体积比）,现用现配。

（二）器材

1. 层析缸或钟罩   2. 层析滤纸,国产新华 1 号快速滤纸
3. 微量注射器或采血管   4. 电吹风
5. 喷雾器   6. 培养皿
7. 5 mL 安瓿瓶   8. 表面皿

四、实验步骤

1. 蛋清水解液制备

取鸡蛋蛋清 2 滴于 5 mL 安瓿瓶中,加入 6 mol/L 盐酸 2 mL,封口后于 110 ℃ 烘箱内进行封管酸水解 24 h,冷却后将酸水解液转移到直径为 10 cm 的表面皿上,水浴加热蒸去盐酸,内容物蒸干时加少量蒸馏水再次蒸发,如此重复 4～5 次,待最后一次蒸发至 1 mL 左右备用。如样品不清澈,可在去除盐酸后稀释并过滤,然后再浓缩备用。

2. 单向上行纸层析

（1）滤纸剪裁：将新华层析滤纸裁成 24 cm×28 cm（或 10 cm×22 cm）大小,在24 cm（或 10 cm）一侧距边线 2 cm 处用铅笔划一横线,在此线上每隔 3 cm 标出点样点,计 7 个点。

（2）点样：用微量注射器或采血管吸点样液 10 μL 在各点依次点样,每点样一

次后应立即吹干,点样点直径不要超过 3 mm,点样时需少量多次。待各种标准氨基酸、混合氨基酸和蛋清水解液点样液吹干后将纸卷成筒状,两边用线缝住,但滤纸边不能有重叠和接触。

(3)展层:将卷成筒状的滤纸放入直径为 13 cm 的培养皿内,注意滤纸不要碰皿壁,周围放 2～3 个小烧杯,内盛碱性展开剂,盖好钟罩,与玻璃板间用凡士林涂封密闭,平衡 1 h。然后打开钟罩塞,用长颈漏斗(图 4.7)插入滤纸筒,使漏斗下口碰培养皿底,小心加入碱性展开剂,加完迅速抽出漏斗(切勿碰到滤纸),盖好钟罩塞开始展层。当展开至溶剂前沿距滤纸顶边 1 cm 时取出,晾干并标出前沿位置。

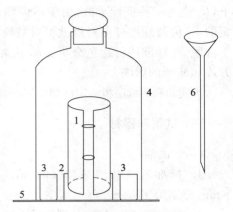

图 4.7　纸层析示意图
1. 滤纸;2. 培养皿;3. 放溶剂烧杯;
4. 玻璃钟罩;5. 玻璃板;6. 长颈漏斗

(4)显色:用喷雾器将 0.1% 茚三酮丙酮溶液在已去除溶剂的滤纸一面均匀喷雾,自然干燥后于 65 ℃ 烘箱烘 15 min(或以热吹风吹干)显色。用铅笔轻轻描出显色斑点的位置和形状。

(5)计算和鉴定:用尺测量显色斑点的中心与原点(点样中心)之间的距离,然后求出各标准氨基酸的 R_f 值,比较并鉴别混合氨基酸和蛋清水解液中的氨基酸。

3. 双向上行纸层析

(1)滤纸剪裁:滤纸裁成 28 cm×28 cm 大小,在滤纸距相邻的两边各 2 cm 处用铅笔划一直线,在两直线的交点上点样。

(2)点样:操作同单向层析。

(3)展层:双向展层,第一向为碱性系统,同单向层析;第二向为酸性系统。进行双向展层时,先用第一向碱性展开剂展层后,将滤纸取出干燥,然后旋转 90° 卷成筒状,进行第二向酸性展开剂展层,操作和第一向相同。

(4)显色:同单向层析。

(5)氨基酸的鉴定与定量测定:双向层析 R_f 值由两个数值组成,即在第一向(碱性系统)和第二向(酸性系统)分别计量一次。然后与已知氨基酸在酸碱系统的 R_f 值对比,即可初步确定是何种氨基酸,最后用硫酸铜乙醇溶液将显色斑点洗脱并进行比色测定,计算浓度。

五、思考题

1. 从双向层析的结果鉴定出蛋清中含有哪些主要氨基酸?本实验采用对蛋清蛋白质进行酸水解的方法会对哪些氨基酸造成破坏?

2. 哪些因素影响纸层析的选择性和分辨率?

实验二十五　蛋白酶的盐析沉淀

一、实验目的

1. 掌握盐析沉淀法分离蛋白质的基本原理和实验方法；
2. 以蛋白酶为实验对象，建立酶溶解度和盐离子强度之间的关系；
3. 掌握蛋白酶活性的测定方法和回收率的计算。

二、实验原理

盐析法是蛋白质等生物大分子粗分级阶段常用的提取方法。盐析沉淀的原理与蛋白质的表面结构有关，一般来说，盐浓度增加导致水活度下降，破坏蛋白质分子表面的水化层；同时高盐浓度下分子间静电斥力减弱，疏水作用增强，从而分子易聚集而发生沉淀。不同蛋白质发生沉淀所需的盐浓度有所不同，这就构成了盐析法分离蛋白质的依据。蛋白质的溶解度与盐离子强度间的关系可以用 Cohn 经验式来表示：

$$\lg S = \beta - K_s I$$

式中 S 为蛋白质的溶解度，I 为离子强度，β 是与温度和 pH 有关的常数，K_s 是与蛋白质和盐的种类有关的盐析常数。其中 I 根据下式计算：

$$I = \frac{1}{2} \sum c_i z_i^2$$

式中 c_i 为 i 离子的浓度（mol/L），z_i 为 i 离子所带的电荷。通过在恒定的温度和 pH 条件下测定溶解度随盐浓度的变化，以 $\lg S$ 对 I 作图可以算出 β 和 K_s，建立起蛋白质的盐析方程。

盐析法最常用的盐为硫酸铵。硫酸铵溶液的浓度常用"饱和度"来表示，"饱和度"定义为在盐析溶液中所含的硫酸铵质量与该溶液达饱和所溶解的硫酸铵质量之比。25 ℃时硫酸铵的饱和浓度为 4.1 mol/L（767 g/L），定义该浓度为 100％"饱和度"。

三、试剂和器材

（一）试剂

1. 蛋白酶（1.398 酶）粗酶粉。
2. 硫酸铵。
3. NaOH 溶液。
4. 0.02 mol/L 磷酸缓冲液（pH 7.5）。
5. Folin 试剂（见实验二十一）。
6. 0.4 mol/L 无水碳酸钠溶液。
7. 0.4 mol/L 三氯乙酸溶液。

（二）器材

1. 高速冷冻离心机
2. 电子天平
3. 真空干燥箱
4. pH 计

5. 磁力搅拌器   6. 烧杯

7. 量筒   8. 移液管

四、实验步骤

1. 酶液的制备

称取一定量蛋白酶粗酶粉,加入适量缓冲液溶解,并用玻棒捣研。将上层清液小心倾入容量瓶中(容量瓶大小根据酶活力单位决定稀释倍数后选择)。沉渣部分再加入少量缓冲液,如此反复捣研 3～4 次,最后连同沉渣一起移入容量瓶中。加缓冲液定容至刻度。高速冷冻离心机于 4 ℃ 下 10 000 r/min 离心 10 min,取出上清液,即为制得的蛋白酶液,测定其酶活,要求酶活为 15 000～20 000 U/mL。酶活的测定和计算方法见实验二十一。

2. 酶液的盐析沉淀

分别量取蛋白酶液 200 mL 于 7 只烧杯中,记录 pH 和室温,计算达到 20％、30％、40％、50％、60％、70％、80％"饱和度"所需加入固体硫酸铵的质量及各"饱和度"下的离子强度。分别称取各烧杯中所需质量的硫酸铵,研磨成细粉末状,在磁力搅拌器不断搅拌下,将其缓慢加入酶液中,加完后再搅拌 5 min,使硫酸铵完全溶解。然后静置 5 h 左右,使蛋白酶沉淀完全。将含有沉淀的酶液小心倒入离心管中,在电子天平上称重平衡,用高速冷冻离心机于 10 ℃ 下 10 000 r/min 离心 20 min。将上层清液倒入量筒记录其体积,并分别测定酶活(U/mL),即为该酶的溶解度 S。将离心管中的沉淀物取出后放入 55 ℃ 真空干燥箱烘干,称量干酶粉的质量,并测定其酶活(U/g)。根据公式:

$$回收率 = \frac{干酶粉酶活(U/g) \times 干酶粉质量(g)}{原酶液酶活(U/mL) \times 体积(mL)} \times 100\%$$

可以计算出各种硫酸铵"饱和度"下盐析沉淀的酶活回收率。应注意酶活测定时要控制好合适的稀释倍数。

3. 结果处理和计算

计算出各种硫酸铵"饱和度"下的硫酸铵添加量、浓度、离子强度、蛋白酶溶解度和回收率,填写表 4.3。

表 4.3　蛋白酶的硫酸铵盐析

样品号	1	2	3	4	5	6	7
硫酸铵饱和度/％	20	30	40	50	60	70	80
硫酸铵添加量/g							
硫酸铵浓度/mol/L							
离子强度 I							
上清液酶活(溶解度 S)/(U•mL^{-1})							
lg S							
上清液体积/mL							

样品号	1	2	3	4	5	6	7
干酶粉酶活/(U·g⁻¹)							
干酶粉质量/g							
沉淀酶活回收率/%							

以 $\lg S$ 为纵坐标,I 为横坐标作图,将直线部分线性回归,求出 K_s 和 β 的数值,建立起蛋白酶的盐析曲线。

五、思考题

1. 哪些实验条件会影响到蛋白质的盐析行为?
2. 根据干酶粉酶活和回收率的情况综合评价蛋白酶盐析时硫酸铵的最适添加范围,讨论盐加量对盐析的影响。

实验二十六　醋酸纤维薄膜电泳分离蛋白质

一、实验目的

1. 学习电泳分离的基本原理;
2. 掌握醋酸纤维薄膜电泳法分离蛋白质的基本操作。

二、实验原理

醋酸纤维薄膜电泳是以醋酸纤维薄膜为支持物的电泳方法。醋酸纤维薄膜由二乙酸纤维素制成,它具有均一泡沫样结构,厚度仅 120 μm,有强渗透性,对分子移动无阻力,作为区带电泳的支持物进行蛋白质电泳具有简便快速、样品用量少、应用范围广、分离清晰和没有吸附现象等优点,广泛用于蛋白质混合物的分离和鉴定。电泳装置如图 4.8 所示。

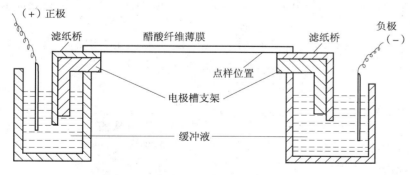

图 4.8　醋酸纤维薄膜电泳装置示意图

血清蛋白质主要包括清蛋白、α-球蛋白、β-球蛋白和 γ-球蛋白等,各类蛋白质具有不同的等电点和相对分子质量(表 4.4),在电场中具有不同的迁移速度。在

pH 8.6 的缓冲液条件下,它们都带负电荷,从而在电场中向阳极移动,因电泳迁移率不同将形成如图4.9所示条带。

表 4.4　血清主要蛋白质的等电点和相对分子质量

蛋白质种类	等电点(pI)	相对分子质量
清蛋白	4.88	69 000
α_1-球蛋白	5.06	200 000
α_2-球蛋白	5.06	300 000
β-球蛋白	5.12	90 000～150 000
γ-球蛋白	6.8～7.5	156 000～300 000

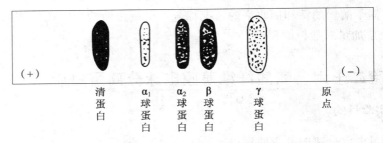

图 4.9　血清蛋白醋酸纤维薄膜电泳图谱

三、试剂和器材

(一) 试剂

1. 醋酸纤维薄膜(2 cm×8 cm,厚度 120 μm)。

2. 健康人血清。

3. 0.06 mol/L 巴比妥缓冲液(pH 8.6):称取巴比妥钠12.76 g,巴比妥1.66 g,溶解后定容至1 000 mL。

4. 染色液:称取氨基黑 10B 0.5 g,甲醇 50 mL,无水乙酸 10 mL,蒸馏水 40 mL混匀,可重复使用。

5. 漂洗液:乙醇 45 mL,无水乙酸 5 mL,蒸馏水 50 mL 混匀。

6. 透明液:无水乙醇 70 mL,无水乙酸 30 mL 混匀。

7. 浸出液:0.4 mol/L NaOH 溶液。

(二) 器材

1. 电泳仪
2. 水平电泳槽
3. 电吹风
4. 分光光度计
5. 滤纸
6. 培养皿
7. 镊子
8. 剪刀
9. 点样器
10. 自动扫描光密度仪

四、实验步骤

1. 浸泡

用镊子取醋酸纤维薄膜 1 张,识别出光泽面与无光泽面,放在缓冲液中浸泡 20 min,轻轻取出后无光泽面向上放在两层滤纸之间吸去多余液体。

2. 点样

移走上层滤纸后,将点样器在血清样品中蘸一下,在距薄膜条一端 2~3 cm 处轻轻地水平落下并迅速提起,即在薄膜条上点上了细条状的血清样品。

3. 电泳

在两个电泳槽内加入缓冲液并保持液面等高,裁剪滤纸成尺寸合适的滤纸条,取双层滤纸条附着在电泳槽的支架上,使其一端与支架前沿对齐,另一端浸入电泳槽的缓冲液内,使缓冲液润湿全部滤纸,并驱除气泡使滤纸紧贴在支架上成为滤纸桥。将薄膜条平悬于电泳槽支架的滤纸上,膜上点样的一端靠近负极,盖好电泳室后通电,调节电压至 100 V 左右,电流强度 0.4~0.6 mA/cm 膜宽,电泳时间为 1~1.5 h。

4. 染色

电泳完毕后,将薄膜条取下,放置于染色液中浸泡 10 min。

5. 漂洗

将薄膜条从染色液中取出并移至漂洗液中,漂洗数次至无蛋白区颜色脱色为止,可得色带清晰的电泳图谱。

6. 定量

可将膜条用滤纸压平,吸干,按区带分段剪开,分别浸泡在 5 mL 浸出液中,并剪取相同大小的无色带薄膜条作空白对照,浸出后分别在波长 590 nm 下测定吸光度。计算出各区带吸光度的总和,以每个区带吸光度占总和的百分比表示出各蛋白质种类在血清总蛋白质中的百分含量。也可将干燥的薄膜条放入透明液中浸泡 2~3 min,取出贴在洁净的玻璃板上,干后为透明的薄膜图谱,可用自动扫描光密度仪直接测定。

五、思考题

1. 电泳的原理是什么？影响蛋白质电泳行为的因素主要有哪些？
2. 试比较醋酸纤维薄膜电泳与凝胶电泳的应用范围和优缺点。

实验二十七　凝胶过滤层析测定蛋白质的相对分子质量

一、实验目的

1. 了解凝胶过滤层析分离生物分子及测定蛋白质相对分子质量的基本原理；
2. 掌握凝胶过滤层析的基本操作技能。

二、实验原理

凝胶过滤层析是按相对分子质量大小不同分离生物分子的层析技术,同时也是常用的测定蛋白质相对分子质量的方法。本实验采用的交联葡聚糖凝胶 Sephadex G-75 的分级范围是 3 000～80 000,相对分子质量在此范围内的蛋白质和其他大分子能够用这种凝胶分离开。当蛋白质溶液加到层析柱上端并用洗脱剂进行洗脱时,相对分子质量大的蛋白质进入凝胶网孔程度小,所受阻力小,先从层析柱中被洗脱下来;相对分子质量小的蛋白质进入凝胶网孔程度大,后被洗脱。从样品上柱开始到某种分子被洗脱下来为止的洗脱液体积称为该分子的洗脱体积(V_e),在层析条件完全相同的情况下,V_e 与相对分子质量的对数($\lg M$)之间存在线性关系。在测定目标蛋白相对分子质量之前,先测定几种已知相对分子质量的标准蛋白的洗脱体积 V_e,以 $\lg M$ 对 V_e 作图将得到标准曲线。在同样的条件下测定样品蛋白的 V_e,从标准曲线上即可求得相对分子质量。

三、试剂和器材

(一)试剂

1. 交联葡聚糖凝胶 Sephadex G-75。

2. 蛋白质相对分子质量标准(选择 4～6 种相对分子质量在 Sephadex G-75 分级范围内的蛋白质),常用的有:胰岛素(M_r 5 700),细胞色素 c(M_r 13 000),胰凝乳蛋白酶原(M_r 25 000),卵清蛋白(M_r 45 000),牛血清白蛋白(M_r 68 000)。

3. 待测蛋白质。

4. 洗脱缓冲液:含 0.15 mol/L NaCl 的 0.05 mol/L 磷酸钠缓冲液(pH 7.0)。

(二)器材

1. 层析柱(1.6 cm×100 cm)	2. 核酸-蛋白检测仪
3. 数据采集器和电脑	4. 恒流泵
5. 自动部分收集器	6. 移液管
7. 烧杯	

四、实验步骤

1. 凝胶溶胀

根据层析柱体积确定凝胶的用量,称取 Sephardex G-75 干粉,加过量的蒸馏水室温充分溶胀 1 天,或沸水浴中溶胀 3 h。溶胀过程中注意不要过分搅拌,以防颗粒破碎。待溶胀平衡后用倾泻法除去不易沉下的细小颗粒,最后凝胶经减压抽气除去气泡,即可准备装柱。

2. 装柱与平衡

将层析柱垂直固定,连接好底部流出导管,加入缓冲液排除层析柱底部的空气,关闭出口。将凝胶上面过多的溶液倾出,调节凝胶稠度在 70% 左右,沿玻棒往层析柱中加入凝胶基质,让其自然沉降形成柱床,沉降后的凝胶床面应距离层析柱的顶端 5 cm 左右，如果沉降后床面过低，应打开出口让多余的溶液流出，并往层析柱中补加凝胶。整个装柱过程要求连续、均匀、无气泡、无纹路。

连接洗脱缓冲液、恒流泵与层析柱上端。用 2～3 倍柱体积的洗脱液通过层析柱使柱床平衡，流速控制在 0.5 mL/min 左右。凝胶上端保持有一段液体以防床面被冲坏。

3. 上样与洗脱

将标准蛋白质和待测样品浓度控制在 2～10 mg/mL。上样是层析操作的关键步骤，若样品浓度不合适或加样不均匀，会使层析区带扩散，影响分辨率。采用排干法上样，先打开柱的出口，待柱中液面流至与床面平齐时关闭出口，用滴管将 1 mL 样品慢慢地加至柱床表面，应避免将床面凝胶冲起，打开出口并开始计算流出体积，当样品正好完全流入床中时立刻关闭出口。按加样操作，用少量洗脱液冲洗管壁 2 次。最后在凝胶床上方加入 3～5 cm 高的洗脱液，旋紧上口螺丝帽，连通恒流泵，调好流速，以 0.5 mL/min 左右流速进行洗脱。

4. 收集与测定

用自动部分收集器收集流出液，每管 4 mL，核酸－蛋白检测仪在 280 nm 处检测，同时电脑软件记录下层析曲线，曲线中吸收峰最高点对应的横坐标为洗脱体积 V_e。分别测定出几个标准相对分子质量蛋白质的洗脱体积 V_e，以相对分子质量对数 $\lg M$ 对 V_e 作图，得到标准曲线并求出回归方程。将待测蛋白质的洗脱体积 V_e 代入回归方程，计算出其相对分子质量。

5. 凝胶柱的再生处理

层析结束后，凝胶柱反复用蒸馏水洗后保存，如需要可用 0.5 mol/L NaCl 洗涤。短期保存可在层析柱中加入防腐剂，长期不使用应将层析柱拆下，凝胶加热灭菌后于 4 ℃ 保存。

五、思考题

1. 凝胶过滤层析实验中常用的凝胶有哪些种类？各有何特点？
2. 影响凝胶过滤层析分辨率的主要因素有哪些？

实验二十八　SDS－聚丙烯酰胺凝胶电泳(SDS－PAGE)法测定蛋白质的相对分子质量

一、实验目的

1. 了解 SDS－PAGE 垂直平板电泳的基本原理及操作技术；
2. 学习并掌握 SDS－PAGE 法测定蛋白质相对分子质量的方法。

二、实验原理

电泳法分离蛋白质混合样品时，各蛋白质组分的迁移率主要取决于分子大小、形状及所带电荷数量。SDS-PAGE 通过加入 β-巯基乙醇打开蛋白质分子内的二硫键,再加入 SDS 与蛋白质结合,破坏了蛋白质天然构象,使蛋白质形成雪茄状结构。由于蛋白质与 SDS 按 1:1.4 的比例结合,结合后带上相同密度的负电荷,其数量远远超过了蛋白质原有的电荷数量,掩盖了不同种类蛋白质间原有的电荷差别,形成的复合物具有相同的荷质比,在凝胶中的迁移速度仅取决于蛋白质的相对分子质量,电泳相对迁移率与相对分子质量的对数呈线性关系:

$$\lg M = k - b m_R$$

式中 M 为蛋白质的相对分子质量,k 为常数,b 为斜率,m_R 为相对迁移率。若将几种已知相对分子质量的标准蛋白质进行 SDS-PAGE 后的相对迁移率对相对分子质量的对数作图,可得到标准曲线。待测相对分子质量的蛋白质在相同条件下电泳,根据其相对迁移率即可在标准曲线上求得相对分子质量。需要注意的是如果是由多个不同亚基组成的蛋白质,在进行 SDS-PAGE 时会形成分别对应于各亚基的几条区带,测得的也是亚基的相对分子质量。

蛋白质电泳目前主要采用垂直平板电泳,由于在同一块胶上能分析较多样品,使聚合、染色、脱色具有一致性,便于比较,因而应用广泛。而不连续电泳体系的使用,使样品能在浓缩胶中先发生浓缩效应,然后在分离胶中按相对分子质量由小到大分离,获得更好的分离效果。

三、试剂和器材

(一)试剂

1. 2 mol/L Tris-HCl(pH 8.8):称取 Tris 24.2 g 溶于 50 mL 蒸馏水,缓慢滴加浓盐酸至 pH 8.8,加蒸馏水定容至 100 mL。

2. 1 mol/L Tris-HCl(pH 6.8):称取 Tris 12.1 g 溶于 50 mL 蒸馏水,缓慢滴加浓盐酸至 pH 6.8,加蒸馏水定容至 100 mL。

3. 10% SDS:称取 SDS 2 g,加蒸馏水至 20 mL。

4. 50%甘油:20 mL 甘油与 20 mL 蒸馏水混合。

5. 1%溴酚蓝:称取溴酚蓝 100 mg,加蒸馏水至 10 mL 完全溶解,过滤除去不溶物。

6. N,N,N′,N′-四甲基乙二胺(TEMED)。

7. A 液(丙烯酰胺贮液):称取丙烯酰胺(Acr)29.2 g,N,N′-亚甲基双丙烯酰胺(Bis)0.8 g,加蒸馏水定容至 100 mL,贮存于棕色瓶中 4 ℃存放。注意:未聚合的丙烯酰胺是一种神经毒素,应戴上手套操作,万一染到手上立即用水冲洗干净。

8. B 液(4×分离胶缓冲液):75 mL 2 mol/L Tris-HCl(pH 8.8),4 mL 10% SDS,21 mL 蒸馏水混合均匀,4 ℃存放。

9. C 液(4×浓缩胶缓冲液):50 mL 1 mol/L Tris-HCl(pH 6.8),4 mL 10% SDS,46 mL 蒸馏水混合均匀,4 ℃存放。

10. 10%过硫酸铵(AP)溶液:称取 AP 0.5 g 溶于 5 mL 蒸馏水,4 ℃下可存放1~2周。

11. 电极缓冲液:称取 Tris 6 g,甘氨酸 28.8 g,SDS 2 g,加蒸馏水至 2 L。

12. 5×样品缓冲液:0.6 mL 1 mol/L Tris-HCl(pH 6.8),5 mL 50%甘油,2 mL 10% SDS,0.5 mL β-巯基乙醇,1 mL 1%溴酚蓝,0.9 mL 蒸馏水,混合均匀,4 ℃存放。

13. 2×样品缓冲液:0.8 mL 5×样品缓冲液与 1.2 mL 蒸馏水混匀。

14. 样品缓冲液:1 mL 5×样品缓冲液与 4 mL 蒸馏水混匀。

15. 固定液:称取三氯乙酸 100 g,加蒸馏水定容至 500 mL。

16. 考马斯亮蓝 R250(CBB R250)染色液:称取 CBB R250 1 g,450 mL 甲醇,100 mL 冰乙酸,加蒸馏水定容至 1 L。

17. 脱色液:200 mL 甲醇,200 mL 冰乙酸,加蒸馏水定容至 2 L。

18. 低相对分子质量标准蛋白质混合物,常用的包括:兔磷酸化酶 B(M_r 97 400),牛血清白蛋白(M_r 66 200),兔肌动蛋白(M_r 43 000),牛碳酸酐酶(M_r 31 000),胰蛋白酶抑制剂(M_r 20 100),鸡蛋清溶菌酶(M_r 14 400)。

（二）器材

1. 垂直平板电泳槽(Mini PROTEAN 3,美国 Bio-Rad)

2. 电泳仪 3. 台式离心机和离心管

4. 电炉 5. 移液器

6. 微量注射器 7. 医用乳胶手套

8. 烧杯 9. 培养皿

四、实验步骤

1. 制胶

使用 Mini PROTEAN 3 电泳槽(图 4.10)可同时对 2 块平板胶进行电泳,灌制 2 块胶所需分离胶用量小于 10 mL,浓缩胶小于 4 mL。制胶前先装配好灌胶用的模具,注意各边的密封性,以防漏胶。

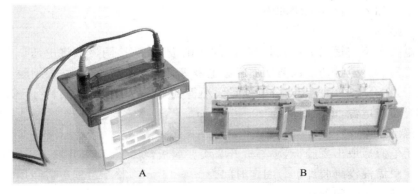

图 4.10 Mini PROTEAN 3 电泳槽和制胶模具
A. 电泳槽;B. 制胶模具

（1）分离胶制备：取 A 液 4.7 mL，B 液 2.5 mL，蒸馏水 2.8 mL，10% AP 溶液 50 μL，TEMED 5 μL，混匀得到 10 mL 14% 的分离胶。立即用移液器吸取分离胶溶液，紧靠玻璃板将分离胶溶液缓慢加入模具内，加至距前玻璃板顶端约 1.5 cm 处。再用微量注射器轻轻在分离胶溶液上层覆盖 1~3 mm 的水层，30~45 min 后凝胶聚合。凝胶聚合后在分离胶和水层之间会出现清晰的界面。分离胶可在 4 ℃ 存放 1 周。

（2）浓缩胶制备：用吸水纸或微量注射器吸尽分离胶上的水层。取 A 液 0.67 mL，C 液 1.0 mL，蒸馏水 2.3 mL，10% AP 溶液 30 μL，TEMED 5 μL，混匀得到 4 mL 5% 的浓缩胶。立即用移液器吸取浓缩胶溶液，紧靠玻璃板将浓缩胶溶液缓慢加入模具内，加至液面到达前玻璃板顶端处。将梳子插入未聚合的凝胶内，确保梳子齿的末端没有气泡。约 30 min 后凝胶聚合。浓缩胶制备后应当天使用。

2. 样品的准备

（1）相对分子质量标准的准备：相对分子质量标准中每种蛋白质含量在 40 mg 左右。加入 150 μL 蒸馏水溶解，分装于 12 个 0.5 mL 离心管内，每管 12 μL，再往每个离心管加入 12 μL 的 2× 样品缓冲液。将离心管置于 -20 ℃ 保存，使用前从冰箱中取出，室温融化后，于沸水浴中加热 3~5 min 即可使用。

（2）待测样品的准备：为了使电泳和染色后每条蛋白质区带清晰可见，电泳样品浓度不宜过稀，可控制在 1 mg/mL 左右。取 20 μL 样品，置于 0.5 mL 离心管内，每管中再加入 5 μL 的 5× 样品缓冲液。盖紧盖子后，于沸水浴中加热 3~5 min，在台式离心机上 4 000 r/min 离心 5 min，上清液即可加样。

3. 加样

将梳子从已聚合的浓缩胶中轻轻取出，用少许电极缓冲液冲洗各加样孔除去孔中可能含有的少量未聚合的丙烯酰胺和其他污染物。将凝胶板安装到电泳槽中，在内外电泳槽中都加入电极缓冲液。凝胶的加样孔中不应有气泡存在。用微量注射器将相对分子质量标准和待测样品分别加入不同的样品孔中，每孔的加样量为 15 μL。加不同样品时必须用蒸馏水洗净微量注射器。为了避免边缘效应，在未加样的孔中应加入等量样品缓冲液。

4. 电泳

将电极插头与适当的电极相连，红的接阳极，黑的接阴极。将电压调至 200 V 并保持恒压。在电源切断以前切勿触碰电极等，谨防触电。样品在浓缩胶中压扁成单一条带，在分离胶中按相对分子质量大小得到分离。当溴酚蓝染料分子迁移至凝胶底部时切断电源，电泳时间为 40~50 min。

5. 剥胶和固定

关闭电源后取出凝胶板，小心撬开 2 块玻璃板，将凝胶剥离并浸入固定液中，固定液高度只需浸没凝胶即可。固定时间为 10~15 min，整个过程应避免用手直接接触凝胶以免将手指印留在胶上。

6. 染色和脱色

将凝胶从固定液中取出后，加入 CBB R250 染色液浸没凝胶，染色 20~30 min。

取出后加入脱色液浸没凝胶,间断性的轻微振荡 10～15 min 后可更换脱色液。脱色 1～1.5 h 后可得到各蛋白质条带清晰可见的凝胶。若染色效果不好,可重复染色、脱色步骤。电泳后的凝胶可浸没在 7.5% 的乙酸溶液中湿态保存。

7. 结果处理

采用凝胶成像系统对凝胶进行成像,图像保存到电脑中,用凝胶图像分析软件对蛋白质条带进行分析,测定各标准相对分子质量蛋白质和待测蛋白质的相对迁移率。以 $\lg M$ 对 m_R 作图可得到标准曲线,将待测蛋白质的 m_R 值代入标准曲线可计算得到其相对分子质量。

五、思考题

1. 用 SDS-PAGE 测定蛋白质相对分子质量时为什么要用巯基乙醇?

2. 用 SDS-PAGE 和凝胶层析法测定蛋白质的相对分子质量时,为什么有时所得结果不同? 比较这两种相对分子质量测定方法的优缺点。

实验二十九　DNA 的琼脂糖凝胶电泳

一、实验目的

1. 掌握琼脂糖凝胶电泳的原理和基本操作;
2. 学习利用琼脂糖凝胶电泳分析 DNA 纯度、含量和片段大小的方法。

二、实验原理

琼脂糖凝胶电泳是测定 DNA 片段相对分子质量和研究其分子构象的重要实验手段。电荷效应和分子筛效应在琼脂糖凝胶电泳中起着决定性作用。DNA 分子在 pH 大于其等电点时带负电荷,在电场中向正极移动,由于分子内糖-磷酸骨架在结构上的重复性,使相同数量的双链 DNA 几乎带有等量的电荷,因此在一定的电场强度下,DNA 分子的迁移速度取决于分子筛效应,即 DNA 分子本身的大小和构型。具有不同的相对分子质量的 DNA 片段泳动速度不同,可进行分离。并且 DNA 分子的迁移速度与相对分子量的对数值成反比关系。另外琼脂糖凝胶电泳还可以分离相对分子质量相同,但构型不同的 DNA 分子,超螺旋共价闭环 DNA 迁移速度最快,线状 DNA 其次,开环 DNA 迁移最慢。蛋白质电泳后常通过染色的方法对电泳区带进行观察,而琼脂糖凝胶中 DNA 最简便的观察方法是利用荧光染料溴化乙啶(EB)在紫外线的照射下能发出波长 590 nm 的红色荧光。当 DNA 样品在琼脂糖凝胶中电泳时,琼脂糖凝胶中的 EB 就插入 DNA 分子中形成荧光络合物,使 DNA 发射的荧光增强几十倍。而荧光强度正比于 DNA 含量,若使用已知浓度的标准样品作对照,可估计待测样品浓度。因此通过琼脂糖凝胶电泳可测定 DNA 的纯度、含量和相对分子质量。

三、试剂和器材

（一）试剂

1. 大肠杆菌质粒 pBR322。

2. 琼脂糖。

3. DNA 相对分子质量标准品（marker）。

4. 5×TBE 电泳缓冲液（pH 8.0）：称取 Tris 54 g，硼酸 27.5 g，加入 20 mL 0.5 mol/L 的 EDTA，蒸馏水溶解并定容至 1 L。

5. 凝胶加样缓冲液（0.2% 溴酚蓝，50% 蔗糖溶液）：称取溴酚蓝 200 mg，加 10 mL 蒸馏水溶解并在室温下过夜，待溶解后再称取蔗糖 50 g，加蒸馏水溶解后与溴酚蓝溶液合并，摇匀后加蒸馏水定容至 100 mL，加 1～2 滴 10 mol/L NaOH 调至蓝色。

6. 1 mg/mL 溴化乙啶溶液（EB）。

注：EB 是较强的致突变剂和致癌物，应带一次性手套操作，如有液体溅出外面，可加少量漂白粉，使 EB 分解。

（二）器材

1. 水平式琼脂糖凝胶电泳槽	2. 电泳仪
3. 紫外检测仪	4. 移液器
5. 恒温水浴锅	6. 量筒
7. 烧杯	8. 锥形瓶

四、实验步骤

1. 琼脂糖凝胶的制备

称取琼脂糖 0.8 g 于锥形瓶中，加入 100 mL TBE 缓冲液，置于沸水浴加热至完全溶化取出摇匀，琼脂糖的浓度为 0.8%。灌胶前，待琼脂糖溶液冷却至 70 ℃，加入溴化乙啶使其终浓度为 0.5 mg/mL。

2. 凝胶板的制备

选用微型水平式电泳槽，用胶带将有机玻璃内槽的两端边缘封好，并水平放置于实验台。将塑料梳子垂直架在有机玻璃内槽的一端，使梳齿距玻璃板约 1.0 mm（图 4.11）。将冷到 60 ℃ 左右的凝胶缓缓倒入有机玻璃内槽充满整个板面，若有气泡可用滴管迅速除去。室温下静置 30 min 等待凝胶凝固，小心取出梳子，并取下两端的胶带，将凝胶板放入电泳槽内。往槽内加入足够的 TBE 电泳缓冲液，使液面略高出凝胶面。

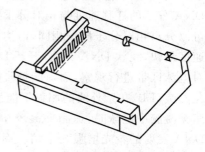

图 4.11　水平电泳装置示意图

3. 样品的处理和加样

向 DNA 相对分子质量标准品和待测 pBR322 质粒 DNA 中分别加入 1/5 体积的凝胶加样缓冲液，混匀后用移液器将其加入加样孔，每孔加样量控制在 20 μL。

4. 电泳

接通电泳槽与电泳仪的电源,阴极连在靠近加样孔的一边,打开电泳仪,调节电场强度为 5 V/cm 进行电泳,当溴酚蓝染料移动到距凝胶前沿 1～2 cm 处停止电泳。

5. 观察

将凝胶放置在 254 nm 紫外灯下观察,胶中有 DNA 的位置显出橙红色荧光条带。记录电泳结果或使用凝胶成像系统对凝胶进行成像,图像保存到电脑中。用凝胶图像分析软件比较标准 DNA 和待测 DNA 条带,推测待测样品相对分子质量及其他特性。

五、思考题

1. 为什么在 DNA 琼脂糖凝胶电泳时加入溴化乙啶?
2. 琼脂糖作为凝胶电泳的支持物有何优点?

第五篇

物质代谢过程研究

21 物质代谢概论

21.1 代谢的概念和含义

代谢又称新陈代谢,是生物体表现其生命活动的重要特征。广义的代谢概念泛指生物体所有化学变化的总称,包括生物体与外界的交换过程和物质在生物体内的转化过程,以及伴随着物质变化的能量变化。而狭义的代谢又称中间代谢,指物质在生物体内的合成与分解作用,是组织细胞内所发生的有组织的一系列酶促反应过程。生物化学及其实验课程研究的内容主要是狭义的代谢概念。

按照物质转化的方向,代谢分为分解代谢和合成代谢。分解代谢是生物体将营养物质在细胞内进行分解的过程,包括生物大分子降解成小分子,小分子的进一步氧化分解,经过众多代谢中间产物最终生成二氧化碳和水的过程,此过程放能并伴随着生物体的直接能源物质——ATP的合成;合成代谢是生物体从内、外环境取得原料,合成自身的结构物质、贮存物质和生理活性物质等的过程,此过程需要供给能量和还原力。

21.2 代谢途径和代谢中间产物

生物体内的代谢活动是非常复杂的,无论是生物分子的分解、相互转化还是合成,往往都是在酶的催化下通过一系列的连续反应来完成的,这种实现特定代谢功能的连续反应链体系被称为代谢途径,如葡萄糖完全氧化生成二氧化碳和水的反应,在生物体内涉及葡萄糖初步分解生成丙酮酸的酵解途径,丙酮酸的氧化脱羧生成乙酰辅酶 A,乙酰辅酶 A 经三羧酸(TCA)循环分解为二氧化碳,以及分解过程产生的还原型辅酶通过电子传递链交给氧生成水等多个步骤,在这些步骤中葡萄糖是逐步被氧化分解的,其化学能是逐步释放并转化成生物能的。

研究生物体内物质代谢过程,是根据某个物质的具体转化过程来进行的,因此代谢途径是物质代谢研究的基本单位。不同的生物体能够利用不同的营养物质,进行不同的转化反应,合成不同的产物,是因为其细胞内的酶系不同,从而具有不同的代谢途径所致。这其中有些代谢途径是绝大多数生物所共有的,在生物体的代谢中起重要作用,构成所谓中心代谢途径。在代谢途径的反应链中,会生成一系列的代谢中间产物,其中有些中间产物是不同的代谢途径所共有的,因此通过一些关键的中间产物,可以将不同的代谢途径联系起来,使得生物体内的物质代谢形成网络状的结构,此即代谢网络。在物质代谢过程的研究中,一方面要追踪某种代谢底物的转化途径,分离测定每个中间产物,从而确定一条代谢途径的所有反应历程和反应机制,另一方面通过代谢的关键节点和重要的共同中间产物研究代谢途径之间的联系、代谢流的分配和代谢的调节机制。

21.3　代谢的催化剂和调节位点

生物体内所有的代谢活动都是在生物催化剂——酶的催化下进行的。与一般的催化剂相比,酶的催化具有高度的专一性,一种特定的酶只能催化某一种或某一类底物发生特定的反应。正因为如此,参与代谢过程的酶的种类非常多,在一条代谢途径中,每一步反应都是由一个特定的酶催化的,前一个酶的产物正是后一个酶的底物,从而构成连续反应链体系。酶除了催化以外的另一个重要生物功能是作为代谢的调节元件,酶的活性受到众多因素的影响,每种酶都有各自的调节机制。而在代谢途径中催化若干关键反应步骤的酶往往是具有活性调节作用的寡聚蛋白质,它们构成整个代谢途径的调节位点,对于代谢进行的速度和代谢流的分配起到至关重要的作用。

22　物质代谢的研究方法

物质代谢主要研究物质的代谢过程,尤其是中间代谢过程及其代谢物,以揭示各条代谢途径乃至整个代谢网络,研究结果建立在实验和推理基础之上。物质代谢的研究方法多种多样,总的说来,都集中于研究特定物质的代谢途径及代谢进程,以及催化各个反应的酶,尤其是关键酶的作用。前者可以通过气体测量法,同位素示踪法,代谢物的化学分析、色谱分析、光谱、质谱或核磁共振分析等方法,监测代谢所产生的气体量,跟踪特定物质的代谢过程,解析中间产物或代谢物的成分变化和代谢谱;后者可以通过酶抑制剂的使用,遗传缺陷分析,基因突变分析等,结合对所积累中间产物的测量分析,揭示基因产物和各种酶的催化作用及其在代谢途径中的作用位点;另外还可以通过特征性酶的测定,确定特定代谢途径的存在与否。由于在正常的物质代谢过程中,中间产物不会过多积累,为了准确地分析各步中间产物,常需要将这 2 类方法结合在一起。物质代谢研究既可以在体内(*in vivo*)也可以在体外(*in vitro*)进行,前者利用生物整体、整个器官或单细胞生物的细胞群作为研究材料,后者利用器官组织的切片、匀浆或提取液作为研究材料。

近年来伴随着分子生物学、代谢调控学、现代分离分析技术的发展,结合计算机科学的运用,代谢工程应运而生,使得物质代谢研究不再集中于单个生化反应或单条代谢途径,而是关注整个代谢网络,研究的深度、精度和广度不断提高。利用现代分子生物学,通过遗传突变、遗传回补及基因表达调控研究等,能够更准确、更深入地揭示许多代谢途径的中间步骤及其调控机制;结合现代分离分析技术,能够更精确地揭示中间产物的变化特征;通过代谢网络结构分析和通量分析,则可以从整体角度揭示物质代谢网络的变化规律。

22.1　测量气体法

测量气体法用以研究包含有气体变化的生物化学反应或物质代谢过程,如特定酶的催化作用、动植物细胞及微生物的呼吸作用、发酵作用和光合作用等。它通过测量代谢过程中气体的消耗量或产生量（如生物氧化过程中氧气的消耗量或二氧化碳的产生量），探索涉及气体变化的物质代谢过程的发生和代谢作用的程度。在测定气体变化量时，需要利用特殊的仪器，如瓦勃氏呼吸仪，来精密地测量微量的气体变化。本篇实验部分安排了瓦勃氏呼吸仪法研究氨基酸的脱羧作用并测定发酵液谷氨酸含量的实验，该方法在味精发酵工业仍被使用。

22.2　代谢物化学分析法

气体测量法只能测定物质代谢过程中气体量的变化，而对于非气体类代谢物则需要利用其他分析方法进行测定，常见的有化学分析法、色谱分析法、光谱、质谱或核磁共振分析法等。化学分析法根据某种代谢物的特殊化学性质进行针对性的定性或定量分析，通常只能分析一种物质。本篇实验部分安排了对糖类、脂类、氨基酸代谢中一些中间产物进行分析测定的实验。色谱分析法则根据各种代谢物在特定色谱条件下迁移率的差别进行分离，随后通过特殊的显色方法或检测系统进行分析，一般可同时分析多种代谢物，而色谱方法本身种类也较多，如纸层析、薄板层析、离子交换层析、疏水层析和高压液相色谱等。本篇实验部分安排了薄层层析、纸层析法测定核苷酸和氨基酸类代谢物的实验。光谱、质谱或核磁共振分析法则分别是根据代谢物的光谱性质、质谱碎片特征、核磁共振特征进行分析，检测灵敏度很高，但有时需要先用特殊的方法，如高效液相色谱、气相色谱等将代谢物各组分进行有效的分离，然后再进行分析。这类方法也可以同时分析多种代谢物甚至是代谢谱，由于其灵敏度、准确率很高，因此是代谢工程中研究代谢组和流量组的很好方法，但设备较为昂贵。

22.3　同位素示踪法

除了上述分析方法外，代谢物标记追踪实验也是探索代谢途径非常有效的方法。在代谢物标记追踪方法中，利用同位素来标记化合物具有独特的优势，它不改变被标记化合物的化学性质，于是可以通过与非标记化合物的质量差异，跟踪代谢物的质量变化来揭示特定元素的代谢过程，质量差异可以通过质谱测定仪进行测定。现在最常使用的是放射性同位素示踪法，放射性同位素的放射性可用专门的仪器进行测定，如盖格计数管、闪烁计数器等，于是可以追踪特定物质的代谢途径，使其成为研究代谢途径最有效的方法。但是由于放射性同位素对人体的危害，实验操作需具备一定条件并特别谨慎。

22.4　添加酶的抑制剂

由于在正常物质代谢过程中，中间产物不会过多积累，只有代谢终产物才会积累，因此利用常规的化学分析方法或色谱、光谱等分析方法往往难以准确测出中间产物的成分及其含量变化。此时可以采用合适的方法减缓或阻断某个特定代谢反应的进行，造成某种或某些中间产物的积累，从而实现对中间产物的准确分析。常用的方法主要有：使用特定酶的抑制剂、用其他方法降低特定酶的活性、用某种试剂结合或者捕获特定中间产物。其中添加酶的抑制剂最具代表性并被广泛应用。另外，通过定点基因突变也可以造成某一代谢途径中某个特定的酶甚至整条代谢途径的酶发生缺失，从而分别积累代谢途径中的各个中间产物，这有赖于分子遗传学技术和基因组学数据的解析。而遗传缺陷分析也是通过分析积累的中间产物，了解特定物质的中间代谢过程。

在对代谢途径的研究中，通过添加特定酶的抑制剂，能够抑制该酶所催化的反应，阻断酶所在的相关代谢途径的进行,造成代谢途径中该酶作用之前的中间产物发生积累,对这些代谢中间物进行分离、纯化和鉴定,就可以揭示出底物的代谢进程和相关的物质代谢途径。而在体外利用分离纯化的酶,结合对代谢中间物的分离纯化,能够进一步验证相关代谢途径。例如,利用碘乙酸专一性抑制糖酵解途径中的 3-磷酸甘油醛脱氢酶,可以造成 3-磷酸甘油醛和磷酸二羟丙酮的积累及后续糖酵解途径的阻断。

22.5 代谢工程方法

以上关于物质代谢的几种研究方法主要用于研究单条代谢途径或单个生化反应,近年来在此基础上发展出了代谢工程方法,对物质代谢和能量代谢的研究不再仅仅关注单个生化反应或代谢途径,而是从整体角度关注细胞内的代谢网络及其各个节点的代谢通量。其目标是通过特定的遗传操作改进细胞的代谢性能,并结合环境条件的控制优化代谢过程,最终有目地地改变细胞内的转录组、蛋白质组和代谢组,调整整个代谢网络,增强生物技术过程的产率及生产能力。

代谢工程的核心研究思路是对出发细胞或菌株进行有目的的遗传操作,以获得能完成特定生物技术过程的高效细胞或菌株(图 5.1)。代谢工程实施的关键是遗传修饰,而其效果需要通过代谢分析进行验证,根据代谢分析的结果提出合理的设计策略确定如何进行新一轮的遗传修饰。设计策略是代谢工程的基础,根据设计策略的科学依据,可以将代谢工程分为正向代谢工程和反向代谢工程。前者以已有的生化知识作为依据,找出限速步骤,进行遗传操作,从而不断改进细胞的代谢性能并优化环境条件,最终实现目标。后者则反过来,从随机诱变获得的优良突变株及其性状的实验结果,提取代谢途径及其控制的判断信息。

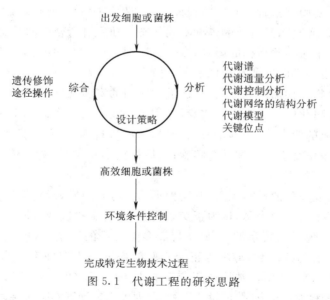

图 5.1 代谢工程的研究思路

代谢工程首先要借助化学计量学、分子反应动力学、热力学及现代数学方法,建立途径分析计算工具,通过代谢通量分析、代谢控制分析、代谢网络的结构分析,全面了解细胞代谢网络,并识别代谢网络中的关键酶,这构成"分析"环节;在此基础上精确制订遗传修饰方案,并通过途径操作,如途径调控、途径合成或途径集成,从整体上优化胞内物质流、能量流和信息流的分布,改变限制细胞代谢的关键途径,这构成"综合"环节;最终结合环境条件的控制,实现目标产品的最优化生产。通过这种"分析－综合"反复交替操作、不断优化细胞代谢网络,从而改善细胞代谢性能。代谢工程把代谢通量作为考虑的重点,并借助数学方法建立模型,以便更好地进行分析、综合和优化,使数学复杂性减少到最小。

23　实验设计和数据统计方法

在物质代谢过程中,生物体自身的代谢性能和多种环境因素及其状态都会影响代谢,如各种营养物的种类及含量、温度、溶氧量、pH、调节物或辅因子的浓度、反应时间及细胞状态等,这些因素之间常常相互影响,因此通常不能简单地从单因素角度考察,而需要从多因素角度进行实验分析。如果此时采用全面实验,将各因素之间各种可能的搭配逐一进行实验,虽能得到全面的信息,但工作量太大,再加之需要进行重复实验,会导致难以实施,因此多采用部分实验。为了使部分实验更加科学、合理、具有代表性,需要进行科学的实验设计,此时可以通过特定安排的一些实验,判断出哪些因素是显著的,哪些是不够显著的,进而抓住主要矛盾,再确定主要因素的最佳水平。由于代谢产物具有多样性和变化性,在实验设计之前需要选择合适的实验指标;而为了从大量杂乱的实验数据中找出科学规律,就需要进行科学的数据统计,这样才能找出物质代谢的规律,获得可靠的实验结果。

在实验设计之前,首先要确定实验指标,即根据实验目的选定的用来衡量或考核实验效果的质量特性,如某种代谢产物的产量、特定代谢过程的产率或生产强度等。然后选择合适的实验因素和各因素的水平。实验因素就是对实验指标可能产生影响的原因或要素,如菌体密度、温度和底物等,因素水平就是实验因素所处的各种不同状态。随后进行合理的实验设计,以研究不同实验因素及不同因素水平对实验指标的影响。最后进行科学的数据统计,以揭示特定物质代谢过程的科学规律,并确定关键因素及其最优水平,进行误差分析。

正交实验设计是物质代谢研究中最有效、最常使用的实验优化技术,用于科学地设计多因素实验。它利用一套规格化的正交表安排实验,并用数理统计方法处理得到的实验结果。正交实验的顺序是:根据实验的要求,首先确定考核指标;随后挑选因素,并排定各因素的水平数;然后选用相应的正交表,按正交表的安排进行实验;最后根据实验结果,对各因素影响的显著程度和顺序作出判断。

正交表是正交实验设计的基本工具,它是根据均衡分布原则,运用组合数学理论构造出的一种数学表格。正交表用 $L_n(t^q)$ 表示,L 为正交表符号;n 为实验次数,即正交表的行数;t 为因素的水平数,即一列中出现不同数字的个数;q 为最多能安排的因素数,即正交表的列数。t^q 为 q 个因素、t 个水平全面实验的次数,n/t^q 为正交实验的部分最小实施率。非等水平正交表,即混合正交表用 $L_n(t1^{q1} \times t2^{q2})$ 表示。常用的正交表有 $L_4(2^3)$、$L_8(2^7)$、$L_9(3^4)$、$L_{16}(4^5)$ 和 $L_{25}(5^6)$。在选择正交表时,当因素数小于 q 时,可设置空列,此列可用来计算实验误差以衡量实验的可靠性。

正交实验的结果可以通过极差分析法和方差分析法进行分析。极差分析的结果可通过极差分析表(见实验三十七的 $L_9(3^4)$ 正交表及其极差分析表)和因素－指标关系图显示。首先,计算各因素水平 i 的指标值之和 K_i,并将其分别填于正交表下部的 K_i 栏中;其次,计算各因素同一水平的平均值 $\overline{K}_i$,并将其分别填于 K_i 的下行;再次,计算各因素列的极差 R,$R = \overline{K}_{i\max} - \overline{K}_{i\min}$,

该数值表示该因素在其取值范围内指标值变化的幅度,将其填于极差分析表的最后一行中;最后根据极差 R 的大小,进行因素的主次排序,R 越大表示该因素的水平变化对实验的影响越大,即该因素越重要;反之,R 越小则该因素越次要。为了直观起见,可以绘制因素与指标关系图,将各个因素与水平的变动情况以图的形式表示出来。如果在正交实验中设置有空列,还可以通过计算空列的 R 值来确定误差界限,以判断各因素的可靠性。空列的 R 值(R_e)代表了实验误差,各因素指标的 R 值只有大于 R_e 才表示各因素的效应确实存在。

极差分析法虽然简便易行,可以找出最优的处理组合,但它只能利用空列的 R 值判断误差界限,这种判断不够精确,而在没有空列时就无法判断误差大小,利用方差分析法就可以精确地进行误差分析。在无重复实验的方差分析中,必须在正交实验中安排有空列。进行完极差分析后,首先分解自由度与平方和:

矫正数 $C=(\sum x)^2/n$,x 为每次实验的指标值;

总平方和 $SS_T=\sum x^2-C$,其中 A 因素平方和 $SS_A=(\sum T_A^2)/a-C$,T_A 为 A 因素每个水平的指标值之和,即 A 因素的各个 K_i 值,a 为 A 因素各个水平的实验次数;类似地,B 因素平方和 $SS_B=(\sum T_B^2)/b-C$,C 因素平方和 $SS_C=(\sum T_C^2)/c-C$,D 因素平方和 $SS_D=(\sum T_D^2)/d-C$……

误差平方和 $SS_e=SS_T-SS_A-SS_B-SS_C-SS_D-\cdots-SS_N$,误差平方和应该等于空列平方和 $SS_e=(\sum T_i^2)/i-C$;

总自由度 $df_T=n-1$,其中 A 因素的自由度 $df_A=a-1$,B 因素的自由度 $df_B=b-1$,C 因素的自由度 $df_C=c-1$……误差的自由度 $df_e=df_T-df_A-df_B-df_C-\cdots-df_N$。

然后进行各因素的 F 检验,如 $F_A=(SS_A/df_A)/(SS_e/df_e)$,若 F_A 值大于 $F_{0.05(df_A,df_e)}$,则 F 值在 0.05 的水平上显著,即有 95% 的可靠性推断 A 代表的总体方差大于 e 代表的总体方差。

最后还可以用最小显著差数法 LSD 或最小显著极差法 LSR 进行多重比较,具体请参见相关书籍。由此可以判断各个因素的显著性及最优的因素水平组合。

除了正交实验设计以外,还有其他的实验设计方法,如均匀设计。正交实验设计具有均衡分散、整齐可比的特点,而均匀设计则完全从均匀性出发,这里不做介绍,请参见相关书籍。在本篇的实验部分,安排了正交法研究物质代谢过程的实验。

24 实验部分

实验三十　葡萄糖代谢中间产物的定性分析

一、实验目的

1. 了解酵母在无氧条件下葡萄糖的分解代谢途径和中间产物;
2. 掌握使代谢中间产物积累和分析中间产物的方法。

二、实验原理

在酵母菌中,葡萄糖经糖酵解途径氧化分解产生丙酮酸,在无氧条件下丙酮酸在丙酮酸脱羧酶的作用下生成乙醛,后者接受还原型辅酶 NADH 中的氢还原为乙醇,此途径即为酒精发酵(图 5.2)。

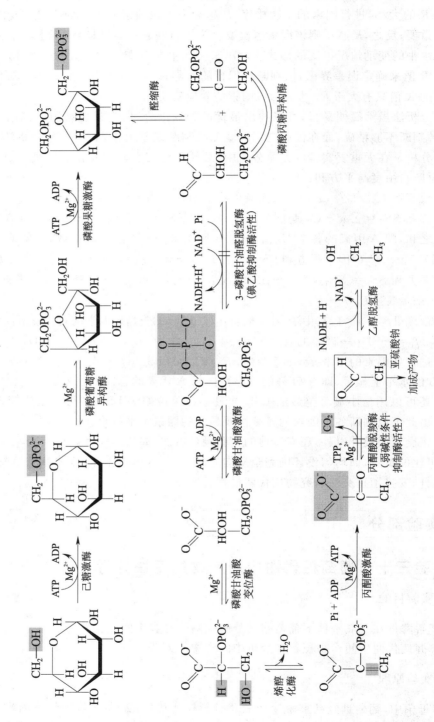

图 5.2　酒精发酵途径抑制位点和中间产物累积示意图

在正常的代谢情况下,终产物乙醇会逐步积累,而代谢中间产物丙酮酸、乙醛只是微量存在,为了检测到这些微量的中间代谢物,可向反应体系加入一些酶的抑制剂或改变反应条件使酶的活性降低,从而抑制某一中间产物的下一步反应;或者加入特定的试剂与代谢中间产物反应形成不能进一步代谢的物质而得以积累。在弱碱性条件下,丙酮酸脱羧酶活性丧失,因此丙酮酸不能进一步代谢而积累下来,利用硝普酸钠或2,4-二硝基苯肼的反应可以验证丙酮酸的存在。向反应体系中加入亚硫酸钠可以诱捕中间产物乙醛,再加入硝普酸钠和哌啶后形成蓝色物质能验证乙醛的存在。

三、试剂和器材

(一)试剂

1. 0.5 mol/L 磷酸氢二钠溶液。

2. 0.5 mol/L 磷酸二氢钾溶液。

3. 10% 葡萄糖溶液。

4. 5% 三氯乙酸溶液。

5. 硫酸铵。

6. 5% 硝普酸钠溶液(使用前制备)。

7. 哌啶。

8. 浓氨水。

9. 亚硫酸钠。

10. 10% NaOH 溶液。

11. 2,4-二硝基苯肼盐酸饱和溶液(以 2 mol/L 的盐酸配制)。

12. 酵母悬浮液 1:1 g 鲜酵母溶于 10 mL 0.5 mol/L 磷酸氢二钠溶液。

13. 酵母悬浮液 2:1 g 鲜酵母溶于 10 mL 0.5 mol/L 磷酸二氢钾溶液。

14. 酵母悬浮液 3:1 g 鲜酵母溶于 10 mL 蒸馏水。

(二)器材

1. 恒温水浴锅　　　　　　　　2. 移液管

3. 离心机　　　　　　　　　　4. 试管

5. 保鲜膜

四、实验步骤

1. 酵母菌的发酵

取 2 支试管编号为 1 和 2,放于冰浴中冷却,往每支试管中加入 3 mL 预冷的葡萄糖溶液,再分别往试管 1 和 2 中加入 3 mL 酵母悬浮液 1 和酵母悬浮液 2,迅速混合后用保鲜膜封住试管口;将 2 支试管放置于 37 ℃水浴中保温 1 h,然后往每管中加入 2 mL 5% 三氯乙酸溶液,充分混合后,在 3 000 r/min 离心 10 min,收集上清液用于检测中间产物的生成。

2. 中间产物丙酮酸的定性分析

（1）硝普酸钠实验：取 1 支试管，加入 1 g 硫酸铵，再加 2 mL 煮沸过的上清液，然后往试管中滴加 2～5 滴新鲜配制的 5％硝普酸钠溶液，充分混合，沿管壁慢慢加入浓氨水使形成两层。如果有丙酮酸存在，在两层液面交界处将产生绿色或蓝色的环。由于巯基的存在，蓝色或绿色的环出现之前，往往有桃红色的环出现，但存在的时间很短。

（2）2,4-二硝基苯肼实验：取 1 支试管，加入 2 mL 上清液，再加 1 mL 2,4-二硝基苯肼盐酸饱和溶液，充分混合。另取 1 支试管，加 2～5 滴上述混合液，然后加入 1 mL 10％ NaOH 溶液，加水至 5 mL，如果有丙酮酸存在，将出现红色。

3. 中间产物乙醛的定性分析

（1）取 3 支试管，编号为 1、2 和 3，放入冰浴中冷却，往试管 1 中加入 3 mL 水，往试管 2 和试管 3 中分别加入 3 mL 葡萄糖溶液，然后分别加入 3 mL 的酵母悬浮液 3，往试管 2 中加入 0.5 g 亚硫酸钠，充分混合，将 3 支试管放置于 37 ℃水浴中保温 1 h。

（2）将试管从水浴中取出，混合物在 3 000 r/min 离心 10 min，收集各管上清液。

（3）另取 3 支干净的试管，编号后分别加入试管 1、2、3 的上清液 2 mL，再分别加入 0.5 mL 新鲜配制的硝普酸钠溶液及 2 mL 哌啶，混合，若有乙醛存在，将有蓝色化合物产生。

五、思考题

1. 若要检测某个代谢途径中的特定中间产物，可以采用哪些方法？
2. 加入亚硫酸钠移除乙醛后，酵母对葡萄糖的分解代谢途径将如何变化？

实验三十一 碘乙酸抑制糖酵解

一、实验目的

1. 了解酶的抑制剂在研究中间代谢中的应用；
2. 掌握碘乙酸能够抑制糖酵解途径的原理及积累中间产物的检测方法。

二、实验原理

碘乙酸是一种烷化剂，能与游离巯基间形成共价键，因而是以半胱氨酸巯基为活性基团的酶的不可逆抑制剂。糖酵解途径中 3-磷酸甘油醛脱氢酶活性中心有一个游离巯基，能被碘乙酸不可逆抑制（见图 5.2）。将新鲜酵母与适量葡萄糖溶液混合后，置于适宜的温度下，发酵即迅速开始，新鲜酵母中含有大量的无机磷酸盐可供发酵利用，不必外加。当加入碘乙酸后，由于 3-磷酸甘油醛脱氢酶被抑制，使其底物 3-磷酸甘油醛发生积累。用硫酸肼作稳定剂，保护 3-磷酸甘油醛不发生分解，然后在碱性条件下使 3-磷酸甘油醛与 2,4-二硝基苯肼反应形成 3-磷酸甘油醛二硝基苯腙棕色复合物（图 5.3），其颜色深浅与 3-磷酸甘油醛含量成正比。

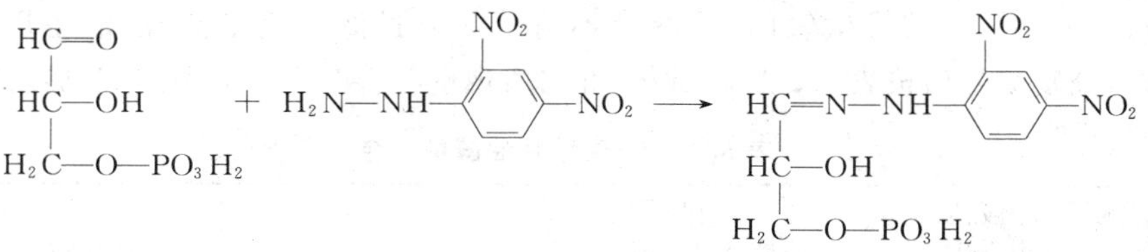

3-磷酸甘油醛　　2,4-二硝基苯肼　　3-磷酸甘油醛二硝基苯腙

图 5.3　3-磷酸甘油醛的显色反应

三、试剂和器材

（一）试剂

1. 0.001 mol/L 碘乙酸溶液。

2. 硫酸肼溶液：称取硫酸肼 7.28 g 溶于 50 mL 蒸馏水中，滴加 NaOH 至 pH 7.4时即全部溶解，加蒸馏水定容至 100 mL。

3. 2,4-二硝基苯肼溶液：称取 2,4-二硝基苯肼 0.1 g 溶于 100 mL 2 mol/L 盐酸中，贮棕色瓶内。

4. 5%葡萄糖。

5. 10%三氯乙酸溶液。

6. 0.75 mol/L NaOH 溶液。

7. 新鲜酵母或活性干酵母。

（二）器材

1. 恒温水浴锅
2. 电子天平
3. 移液管
4. 试管
5. 滤纸

四、实验步骤

取 3 支试管编号为 1,2 和 3，称取新鲜酵母约 1 g 或活性干酵母约 0.3 g，加入 5%葡萄糖溶液 10 mL，用玻棒搅匀使成为悬浊液，分别等量倒入各试管，并按表 5.1 添加试剂混匀，于 37 ℃恒温水浴中保温 45 min 至 1 h，观察试管顶端气泡的产生情况。2,3 管有何不同，为什么？

表 5.1　糖酵解抑制实验

管号	悬浊液体积/mL	10%三氯乙酸溶液体积/mL	0.001 mol/L 碘乙酸溶液体积/mL	硫酸肼溶液体积/mL
1	10	2	1	1
2	10	—	1	1
3	10	—	—	—

保温后向 2 管补加 10%三氯乙酸溶液 2 mL，向 3 管补加 10%三氯乙酸溶液 2 mL，0.001 mol/L 碘乙酸 1 mL 和硫酸肼 1 mL 并混匀。10 min 后将 1、2、3 管分

别过滤到另外 3 支编号试管内,若滤液不清可重复过滤直至澄清,滤液备用。取 3 支试管,分别编号后按表 5.2 加入试剂,混匀后观察各管颜色有何不同,并加以解释。

表 5.2   3−磷酸甘油醛的显色

管号	滤液体积/mL	2,4−二硝基苯肼溶液体积/mL		0.75 mol/L NaOH溶液体积/mL
1	0.5	0.5	放置 37 ℃水浴中保温 10 min	4
2	0.5	0.5		4
3	0.5	0.5		4

五、思考题

1. 实验中所用三氯乙酸、碘乙酸和硫酸肼的作用分别是什么?
2. 本实验中产生的气泡是什么气体,是如何产生的?

实验三十二   发酵过程中无机磷的利用和 ATP 的生成

一、实验目的

1. 了解分解代谢中无机磷被消耗利用和 ATP 生物合成的过程;
2. 掌握定磷法的原理和操作技术;
3. 掌握 DEAE−纤维素薄板层析法分离核苷酸的原理和方法。

二、实验原理

酵母能分解蔗糖和葡萄糖等底物产生 ATP 以满足能量需求,同时生成乙醇及二氧化碳等发酵产物。在发酵过程中葡萄糖首先被磷酸化,生成己糖磷酸酯、丙糖磷酸酯及其他磷酸酯等中间产物,此过程可以由反应混合物中无机磷的消失来观察。同时伴随着糖类底物的分解,释放的能量被用于从 AMP、ADP 合成 ATP 贮存起来,因此可以观察到体系中 AMP 含量的下降和 ATP 含量的上升。

无机磷的消耗可用定磷法进行测量,利用无机磷与钼酸铵结合,生成黄色的磷钼酸铵,再经过还原剂作用,则变为蓝色物质,在一定范围内蓝色的深浅与磷含量成正比,可用比色法测定发酵前后反应混合物中无机磷的含量,用以观察发酵过程中无机磷的消耗。

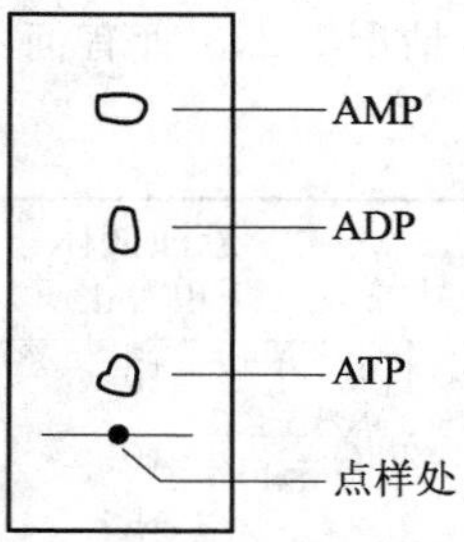

图 5.4   AMP、ADP 和 ATP 的 DEAE−纤维素薄板层析图

体系中 AMP 和 ATP 含量的变化可以用 DEAE−纤维素薄板层析法进行检测。DEAE−纤维素薄板层析法将 DEAE−纤维素(见图 4.5)粉末作为层析支持物均匀涂布在玻璃板上制成薄层,在 pH 3.5 左右 DEAE−纤维素带正电荷,可以吸附带负电荷的核苷酸,由于带负电荷的数量 ATP>ADP>AMP,与 DEAE−纤维素结合力也递减,在

用有机溶剂作为流动相进行展层时,移动速度将是 AMP＞ADP＞ATP,从而得到分离。层析后用紫外灯观看层析斑点大小可以粗略估计 AMP 和 ATP 含量的变化(图 5.4)。

三、试剂和器材

(一) 试剂

1. 含 AMP 的磷酸盐溶液:称取 AMP 5 g、磷酸氢二钠(Na$_2$HPO$_4$·2H$_2$O)60 g 和磷酸二氢钾(KH$_2$PO$_4$)20 g,溶于蒸馏水中,定容至 1 000 mL。

2. 新鲜啤酒酵母。

3. 蔗糖。

4. 5％三氯乙酸溶液。

5. 定磷试剂:见实验五Ⅲ。

6. AMP 和 ATP。

7. 1 mol/L NaOH 溶液。

8. 2 mol/L 盐酸溶液。

9. 0.05 mol/L 柠檬酸-柠檬酸钠缓冲液(pH 3.5):称取柠檬酸 16.2 g,柠檬酸钠 6.7 g,溶解定容至 2 000 mL。

10. DEAE-纤维素(层析用)。

(二) 器材

1. 紫外检测仪
2. 分光光度计
3. 恒温水浴锅
4. 电子天平
5. 电吹风
6. 研钵
7. 漏斗
8. 移液管
9. 量筒
10. 薄板层析用层析板
11. 层析缸
12. 点样器
13. 滤纸
14. 试管

四、实验步骤

1. 发酵

称取新鲜啤酒酵母 5 g,蔗糖 1 g,放入干净研钵中,加入少量石英砂及 5 mL 含 AMP 的磷酸盐溶液,仔细研磨均匀。取 3 支试管编号,另取 1 支大试管。自研钵中吸取均匀悬浮液 1 mL 于 1 号试管中,立即加入 5％三氯乙酸溶液 3 mL 摇匀,将研钵中剩余的悬浮液移入大试管中,置于 37 ℃水浴中保温。保温 15 min 后,自大试管中吸取 1 mL 悬浮液(事先摇匀)放入 2 号试管中,并立即加入 5％三氯乙酸溶液 3 mL 摇匀。大试管继续于 37 ℃保温,再过 15 min 后,同样吸取 1 mL 悬浮于 3 号试管中,又加 5％三氯乙酸溶液 3 mL 摇匀。

2. 发酵样品的处理

将试管 1、2、3 内容物分别滤入已编号的 3 支试管中,分别吸取滤液 0.1 mL(注意用滤纸擦去移液管外壁溶液),分别移入已经编号的 3 支试管中,各加蒸馏水 9.9 mL,摇匀。

3. 无机磷的测定

将上述稀释液分别吸取 3 mL 于 3 支已编号的试管中,各加入 3 mL 定磷试剂,于 45 ℃水浴保温 10 min,取出冷却。比较 3 支试管颜色的深浅,并用分光光度计于波长 660 nm 处测定吸光度,解释实验现象。本实验无需求出无机磷的绝对含量,故不用做标准曲线,660 nm 处吸光度的下降代表了无机磷含量的下降。

4. DEAE-纤维素薄板层析法分析 ATP 的合成

DEAE-纤维素先用水洗,抽干后用 1 mol/L NaOH 浸泡 4 h(或轻搅拌 2 h),再抽干并用蒸馏水洗至中性,再用 1 mol/L 盐酸浸泡 2 h(可轻搅拌 1 h),抽干,再用蒸馏水洗至 pH 7.0 待用。将预处理的 DEAE-纤维素放在烧杯里,加少量的水调成稀糊状,搅匀后立即倒入干净的层析板上,用玻璃棒涂成均匀的薄层,然后轻轻摇匀。放在水平板上自然干燥或 60 ℃烘箱内烘干待用。

先在距离 DEAE-纤维素板一端 2 cm 处用铅笔轻划一横线,横线每隔 2.5 cm 点一个样品,将 1、2、3 号发酵样品滤液及 AMP、ATP 标准样品分别点到各自位置。每次点样管点样后用电吹风的冷风吹干。点样时点的直径应控制在 3 mm 之内。

在层析缸内倒进约 1 cm 高 pH 3.5 的柠檬酸缓冲液,把点好样品的层析板插入层析缸内,点样端在下端,使溶剂由下而上移动(见图 4.6)。10~20 min 后取出层析板,用电吹风吹干。然后在 260 nm 的紫外线照射下观察各样品在层析板上的斑点,用铅笔描绘出各斑点的轮廓。比较 1、2、3 号发酵样品中 AMP 和 ATP 含量的变化。

五、思考题

1. 本实验是如何观察发酵过程中无机磷的消耗的?

2. 无机磷消耗的快慢反映糖代谢的快慢,其受哪些因素的影响?无机磷最终都转化为哪些有机磷?

实验三十三　脂肪转化为糖类的定性实验

一、实验目的

学习和了解生物体内脂肪转化为糖类的基本原理,检验方法和生理意义。

二、实验原理

糖类代谢、脂肪代谢和蛋白质代谢是相互联系的,三类物质可以互相转化。本实验以休眠的花生种子和花生的黄化幼苗为材料,定性地了解花生种子内贮存的大量脂肪转化为黄化幼苗中还原糖的现象。

三、试剂和器材

（一）试剂

1. 斐林试剂

试剂 A：称取硫酸铜（$CuSO_4 \cdot 5H_2O$）34.5 g，溶于蒸馏水并稀释至 500 mL；

试剂 B：称取 NaOH 125 g，酒石酸钾钠 137 g，溶于蒸馏水并稀释至 500 mL 使用前将试剂 A 和试剂 B 等体积混合。

2. 碘–碘化钾溶液：将碘化钾 20 g 和碘 10 g 溶于 100 mL 蒸馏水中，使用前稀释 10 倍。

3. 花生籽、花生的黄化幼苗（在 25 ℃暗室中培养 8 d）。

（二）器材

1. 恒温水浴锅	2. 研钵
3. 培养暗箱	4. 电炉
5. 小漏斗	6. 移液管
7. 量筒	8. 烧杯
9. 白瓷板	

四、实验步骤

1. 花生籽中的脂肪转化为糖的定性

取 5 粒花生，剥去外壳，放在研钵中碾碎成种糊。取少量种糊放在白瓷板上，加 1 滴碘–碘化钾溶液，观察有无蓝色产生，说明了什么？将剩下的种糊放在小烧杯中，加入 40 mL 蒸馏水，直接加热煮沸，过滤。取 1 支试管，加入 2 mL 滤液和 3 mL 斐林试剂，混匀，在沸水浴中煮 2～3 min，观察是否出现红色沉淀，说明了什么？

2. 黄化幼苗中的脂肪转化为糖的定性

取 5 株黄化幼苗，按上述方法碾碎，取少许糊状物用于碘–碘化钾溶液检查，余下的用蒸馏水进行热提取。提取后过滤，取 2 mL 滤液与 3 mL 斐林试剂煮沸 2～3 min 反应，观察有无红色沉淀生成，说明了什么？

五、思考题

1. 通过实验观察到花生籽萌发时贮存的脂肪能够转化为糖，试写出它们可能的转化途径。这种转化作用是否有普遍意义？

2. 简述生物体内糖类、脂肪和蛋白质代谢的相互关系。

实验三十四　脂肪酸的 β－氧化作用

一、实验目的

1. 了解脂肪酸的 β－氧化作用机制和酮体的生成途径；

2. 学习一种研究代谢途径的方法。

二、实验原理

脂肪酸分解代谢主要是通过 β-氧化作用进行,该途径每轮反应从脂肪酸链断裂一个二碳单位——乙酰辅酶 A,后者既可以进一步进入三羧酸循环彻底氧化为二氧化碳,也可以在肝内生成酮体物质。乙酰辅酶 A 首先缩合形成乙酰乙酸,乙酰乙酸经脱羧作用形成丙酮。

本实验以丁酸作为 β-氧化的底物,利用小白鼠肝中脂肪酸氧化酶系和酮体合成有关酶系的作用,通过检测丙酮的形成来了解 β-氧化作用机制。生成的丙酮在碱性条件下可与过量的碘发生反应生成碘仿:

$$2\ NaOH + I_2 \longrightarrow NaIO + NaI + H_2O$$
$$CH_3COCH_3 + 3\ NaIO \longrightarrow CHI_3 + CH_3COONa + 2\ NaOH$$

最后用硫代硫酸钠滴定剩余的碘,反应式如下:

$$NaIO + NaI + 2HCl \longrightarrow I_2 + 2NaCl + H_2O$$
$$I_2 + 2Na_2S_2O_3 \longrightarrow Na_2S_4O_6 + 2NaI$$

根据滴定样品与对照组所消耗的硫代硫酸钠溶液体积之差,可以计算出由正丁酸经 β-氧化生成丙酮的量。

三、试剂和器材

(一)试剂

1. 0.5 mol/L 丁酸溶液:取 5 mL 丁酸溶于 100 mL 0.5 mol/L NaOH 溶液中。

2. 罗克(Locke)溶液:称取 NaCl 0.9 g,KCl 0.042 g,CaCl$_2$ 0.024 g,NaHCO$_3$ 0.015 g 和葡萄糖 0.1 g 溶于蒸馏水后定容至 100 mL。

3. 0.067 mol/L 磷酸盐缓冲液(pH 7.6):0.067 mol/L Na$_2$HPO$_4$ 86.8 mL 和 0.067 mol/L NaH$_2$PO$_4$ 13.2 mL 混合即可。

4. 0.1 mol/L 碘-碘化钾溶液:称取碘 12.5 g 和碘化钾 25 g,用蒸馏水溶解后,定容至 1 L。

5. 10%盐酸溶液:用 38%浓盐酸进行稀释。

6. 0.1 mol/L 硫代硫酸钠溶液:称取结晶硫代硫酸钠(Na$_2$S$_2$O$_3$·5H$_2$O)25 g,溶解在煮沸并冷却的蒸馏水中,加入 3.8 g 硼砂溶解后定容至 1 L。

7. 15%三氯乙酸溶液。

8. 10% NaOH 溶液。

9. 0.1%淀粉溶液。

10. 小白鼠(家兔)肝。

(二)器材

1. 恒温水浴锅　　　　　　　　　2. 电子天平

3. 酸式滴定管　　　　　　　　　4. 漏斗

5. 剪刀   6. 锥形瓶

7. 移液管   8. 滤纸

四、实验步骤

1. 肝糜的制备

取刚杀死的小白鼠肝在冰浴上剪碎,称取 0.5 g 2 份。

2. 沉淀蛋白质

取 50 mL 锥形瓶 2 只,按表 5.3 加入试剂,摇匀后放 37 ℃ 水浴中保温 3 h,然后加 15% 三氯乙酸停止酶反应,静置 15 min 后,分别过滤。

表 5.3 丁酸的 β−氧化作用

瓶号	Locke 溶液体积/mL	pH 7.6 磷酸缓冲液体积/mL	0.5 mol/L 丁酸溶液体积/mL	蒸馏水体积/mL	肝糜质量/g	37 ℃ 保温	15% 三氯乙酸溶液体积/mL
1	3	2	3	—	0.5	3 h	2
2	3	2	—	3	0.5		2

3. 酮体的测定

另取 2 个锥形瓶,分别取上述滤液 5 mL 加入 3 号和 4 号瓶,按表 5.4 添加试剂并混匀,静置 10 min,使碘仿反应完全后再加 10% 盐酸 5 mL,用 0.1 mol/L 的 $Na_2S_2O_3$ 滴定。

表 5.4 丙酮的反应和滴定

瓶号	滤液体积/mL	0.1 mol/L 碘-碘化钾溶液体积/mL	10% NaOH 溶液体积/mL	静置 10 min	10% 盐酸溶液体积/mL	淀粉指示剂 5 滴	滴定消耗 0.1 mol/L $Na_2S_2O_3$ 溶液体积/mL
3	5	5	5		5		
4	5	5	5		5		

4. 计算

1 mL 0.1 mol/L $Na_2S_2O_3$ 溶液相当于 0.966 7 mg 丙酮,故样品中丙酮含量为:

$$丙酮含量(mg) = \frac{(B-A) \times 0.966\,7 \times 10}{5} \times 100\%$$

式中:B,滴定空白瓶(4 号)所用硫代酸钠溶液 mL 数;A,滴定样品瓶(3 号)所用硫代硫酸钠溶液 mL 数;10,β−氧化反应体系的总体积;5,用于与碘反应和滴定的样品体积。

五、思考题

1. 做好本实验的关键是制备新鲜肝糜,原因何在?
2. 为什么测定碘仿反应中剩余的碘就可以计算出样品中丙酮的含量?

实验三十五　植物组织的转氨基作用

一、实验目的

1. 掌握转氨基作用的特点，了解转氨酶的作用；
2. 学习掌握纸层析法分离及鉴定氨基酸的基本技术。

二、实验原理

转氨酶是一类催化 α−氨基酸的氨基可逆地转移到 α−酮酸的酮基上，形成新的 α−酮酸和新的 α−氨基酸的酶，这类反应在氨基酸代谢中起重要作用。转氨酶的种类很多，谷丙转氨酶(GPT)是其中分布最为广泛，活力最强的一种，它催化谷氨酸和丙酮酸之间可逆的氨基转移反应(图 5.5)。

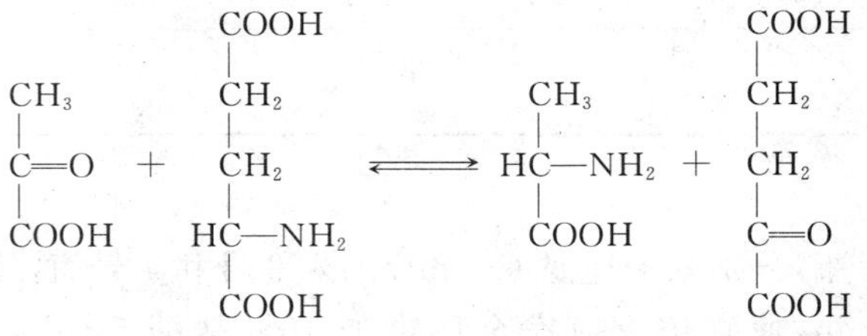

$$
\begin{array}{ccccccc}
& & COOH & & & & COOH \\
CH_3 & & CH_2 & & CH_3 & & CH_2 \\
C{=}O & + & CH_2 & \rightleftharpoons & HC{-}NH_2 & + & CH_2 \\
COOH & & HC{-}NH_2 & & COOH & & C{=}O \\
& & COOH & & & & COOH
\end{array}
$$

丙酮酸　　　　谷氨酸　　　　　丙氨酸　　　α−酮戊二酸

图 5.5　谷丙转氨酶催化的反应

本实验以丙氨酸和 α−酮戊二酸为底物，测定绿豆芽子叶及胚轴组织的谷丙转氨酶活性，生成的产物丙酮酸和谷氨酸，以及底物丙氨酸和 α−酮戊二酸通过纸层析法可以得到分离。纸层析法以滤纸纤维及其结合的水为固定相，以有机溶剂为流动相。展开时，有机溶剂在滤纸上流动，样品中各物质在两相之间不断地进行分配。由于各物质在有机溶剂和水中的浓度之比不同，因而有不同的分配系数，展开时移动速度不同，层析结束时到达滤纸的不同位置，从而达到分离的目的。最后利用茚三酮丙酮显色反应可以检测到谷氨酸和丙氨酸的存在。

实际操作中，取一张滤纸，在靠近某一端处画一条直线，在其上点样后作为层析原点。将点样端的滤纸浸入层析溶剂系统进行层析，当溶剂前沿接近滤纸另一端时，停止层析，将滤纸从层析缸中取出，烘干并显色。从原点到某氨基酸显色点的距离 X 与从原点到溶剂前沿的距离 Y 的比值称为 R_f (图 5.6)，在其他实验条件确定的情况下，各种氨基酸的 R_f 是恒定不变的，由此利用氨基酸标准品的 R_f 可以确定样品中氨基酸的成分。

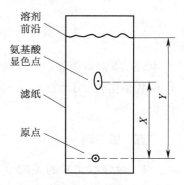

图 5.6　纸层析中的 R_f

三、试剂和器材

（一）试剂

1. 绿豆芽子叶及胚轴。

2. 0.1 mol/L 丙氨酸溶液。

3. 0.1 mol/L α-酮戊二酸溶液（用 NaOH 中和至 pH 7.0）。

4. 0.1 mol/L 磷酸缓冲液（pH 7.5 和 pH 8.0）。

5. 0.1 mol/L 谷氨酸溶液。

6. 0.2% 茚三酮丙酮溶液。

7. 30% 三氯乙酸溶液。

8. 层析溶剂：正丁醇、甲酸和水的混合溶剂（15∶3∶2）。

（二）器材

1. 恒温水浴锅	2. 台式离心机
3. 电吹风	4. 层析缸和层析纸
5. 研钵	6. 漏斗
7. 移液管	8. 量筒
9. 试管	10. 真空干燥箱
11. 剪刀	

四、实验步骤

1. 酶液的提取

取发芽 2～3 d 的绿豆芽 5 g，去皮，放入研钵中，加 2 mL 磷酸缓冲液（pH 8.0）研磨成匀浆，转入离心管。研钵再用 1 mL 缓冲溶液冲洗，并入离心管中，以 3 000 r/min 的转速离心 10 min，取上清液备用。

2. 酶促反应

取 3 支试管编号，按表 5.5 分别加入试剂和酶液。将试管摇匀后置于 37 ℃ 恒温水浴中保温 30 min。取出后各加 3 滴 30% 三氯乙酸溶液终止酶反应，于沸水浴中加热 10 min，使蛋白质完全沉淀，冷却后离心或过滤，取上清液或滤液备用。

表 5.5　转氨基反应溶液

管号	0.1 mol/L α-酮戊二酸溶液体积/mL	0.1 mol/L 丙氨酸溶液体积/mL	酶液体积/mL	pH 7.5 磷酸缓冲液体积/mL
1	0.5	0.5	0.5	1.5
2	0.5	—	0.5	2.0
3	—	0.5	0.5	2.0

3. 层析和鉴定

取层析纸 1 张，在距底线 2 cm 处用铅笔划一水平线，在线上等距离确定 5 个点，作为点样位置，相邻各点间距 2.5 cm。取上述上清液或滤液及 0.1 mol/L 的谷氨酸和丙氨酸标准液分别点样,反应液点 5～6 滴,标准液点 2 滴。每点一次用电吹风吹干后再点下一次。最后沿垂直于基线的方向将滤纸卷成圆筒,以线缝合,注意纸边不能叠在一起或接触(图 5.7)。

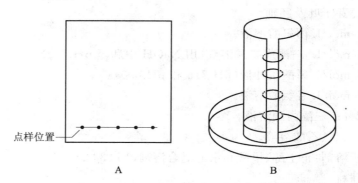

图 5.7　在层析纸上划线点样(A),将滤纸卷成圆筒并缝合(B)

在层析缸中倒入层析溶剂使液面高度约 1 cm,待缸内蒸气饱和后,将滤纸筒垂直放入,展层,待溶剂前沿上升至距滤纸上沿约 2 cm 时终止层析,将滤纸取出,用铅笔标出前沿位置。吹干,剪断缝线,以 0.2% 茚三酮丙酮溶液喷雾,放置在 60 ℃ 烘箱内 5～10 min 烘干后或用电吹风吹干后显色。

用铅笔轻轻画出每个斑点的位置,计算出每个斑点对应的 R_f,对照谷氨酸和丙氨酸标准样品的 R_f 值后确定 1、2、3 号管的氨基酸成分。

五、思考题

1. 如何通过标准品证明反应样品中有谷氨酸的存在?

2. 简述纸层析法分离氨基酸的原理,为什么本实验的纸层析中谷氨酸的 R_f 小于丙氨酸?

实验三十六　瓦勃氏呼吸仪法研究氨基酸的脱羧作用

一、实验目的

1. 掌握瓦勃氏呼吸仪法研究代谢过程的原理和方法;

2. 学会测定瓦勃氏呼吸仪反应瓶常数的方法;

3. 了解 L-谷氨酸的脱羧作用和含量测定方法。

二、实验原理

在代谢过程中往往会伴随着气体的消耗和产生,瓦勃氏呼吸仪(Warburg's manometer)是瓦勃(O. H. Warburg)在血液气体检压计的基础上加以改进的仪器,是根据人们熟知的一些气体定律,在定温和定容的条件下,精确测定代谢时气体的消耗或产生的仪器。它可以测定分解代谢中氧的吸收及二氧化碳的放出,因此广泛用于研究动植物细胞及微生物的呼吸作用、发酵作用、光合作用及酶的活性测定等。

本实验利用 L-谷氨酸脱羧酶专一性催化 L-谷氨酸脱羧时伴随二氧化碳的释放(图 5.8),通过瓦勃氏呼吸仪测定二氧化碳的释放量,研究氨基酸的脱羧作用,并测定底物 L-谷氨酸的含量。由于 L-谷氨酸脱羧酶有高度的专一性,对于其他的氨基酸不起作用,所以测得的结果较为准确。瓦勃氏呼吸仪是一种定容测压计,会受到室温及大气压的影响,所以必须同时做对照实验以作校正。

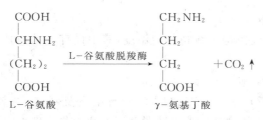

图 5.8　L-谷氨酸脱羧酶催化的反应

三、试剂和器材

(一)试剂

1. 3 mol/L 乙酸-乙酸钠缓冲液(pH 5.0):称取无水乙酸 6 g,乙酸钠(CH₃COONa·3H₂O)27.2 g,溶于蒸馏水,定容至 100 mL。

2. 0.5 mol/L 乙酸-乙酸钠缓冲液(pH 5.0):用 3 mol/L 乙酸-乙酸钠缓冲液稀释制备。

3. 检压计液(波罗的溶液):称取氯化钠 23 g,牛胆酸钠 5 g,伊文氏兰 0.1 g,溶于蒸馏水,定容至 500 mL,密度应为 1.033(密度如有偏差,可用氯化钠和水调节)。

4. 汞(分析纯)。

5. L-谷氨酸溶液:根据含量进行一定的稀释,使含量为 0.1%～0.8%。

6. 2%大肠杆菌谷氨酸脱羧酶液:称取大肠杆菌谷氨酸脱羧酶丙酮粉 2 g,溶于 0.5 mol/L 乙酸-乙酸钠缓冲溶液(pH 5.0),定容至 100 mL。

7. 30%硝酸溶液。

8. 羊毛脂。

附:大肠杆菌谷氨酸脱羧酶丙酮粉制备

(1)培菌:大肠杆菌接种在牛肉膏蛋白胨培养基的试管斜面上,37 ℃培养 18～20 h,移植 3 代后的菌种作为扩大培养的种子。斜面培养基成分:牛肉膏 1%,琼脂 2%,蛋白胨 1%,NaCl 0.5%,调 pH 至 7.2～7.4,1 kg/cm² 灭菌 30 min。

(2)扩大培养:将种子制成菌悬液,接种于液体培养基内,摇瓶培养,1 000 mL 锥形瓶中盛 100～150 mL 培养液 37 ℃培养 18～20 h。液体培养基成分:牛肉膏 3%,NaCl 0.3%,蛋白胨 2%,K₂HPO₄·3H₂O 0.1%,玉米浆 0.3%,调 pH 至 7.2。

(3)酶粉的制备:取上述培养液于 3 000～3 500 r/min 离心 20 min,用生理盐水(0.85% NaCl 溶液)洗菌体 2～3 次。用无菌水作成菌体悬浮液,然后将菌悬浮液加入−10 ℃～−20 ℃的丙酮中,在低温下静置使沉淀,倾去上层清液,真空抽滤,再用少量冷丙酮洗涤2～3次,然后用少量−10 ℃乙醚洗涤1次,抽干后摊开,置空气中干燥1 h,再移入干燥器中,放冰箱中40 h,将菌体磨成粉末,装瓶存放冰箱备用。

(二)器材

1. 移液管　　　　　　　　　　2. 电子天平

3. 注射器　　　　　　　　　　4. 瓦勃氏呼吸仪1台(附测压管及反应瓶)

5. 烘箱　　　　　　　　　　　6. 滤纸

瓦氏呼吸仪结构如下:

(1)恒温水箱:使反应瓶维持一定温度,其中设有电动搅拌器、加热器和恒温自动控制器。

(2)电动振荡器:使反应瓶作往复运动。

(3)测压计与反应瓶:反应瓶(图5.9)有主室及侧室,主室上端口与测压计相连,(用弹簧或橡皮筋拉住玻璃钩以防脱落),侧室上端有一个具通气孔的玻璃塞,反应瓶底部中央有一小杯;测压计(图5.10)为一U型玻璃管,左侧管上端开口,右侧管上端有一个三通塞子旁侧有一支管,末端呈塞状,塞的两侧各有一玻璃钩,当它与反应瓶连接时,用弹簧或橡皮筋拉住反应瓶与测压管上的玻璃钩,以防脱落及漏气,测压计下端有一开口管,用以连接一短橡皮管,下端塞以玻璃棒,使成测压液的贮存处,橡皮管上附上一螺旋压板,可以调节管液高度,U型管上的刻度最小为1 mm。

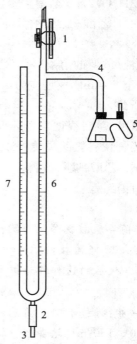

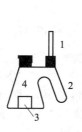

图5.9　反应瓶的结构

1.具有气孔的玻璃塞;2.侧室;
3.中央小杯;4.主室

图5.10　测压计的结构

1.三通玻璃塞;2.橡皮管;3.玻璃棒;
4.支管;5.反应瓶;6.右侧管;7.左侧管

四、实验步骤

1. 反应瓶常数 K 的测定

瓦勃氏呼吸仪是根据反应前后的气压变化测定释放气体体积或物质的量的仪器,为了实现气压和体积的转化,必须求得反应瓶常数 K,K 的物理意义是:标准状况下,测压管柱增加 1 mm 时,反应放出 CO_2 的 μL 数。

(1) 计算公式

$$K = \frac{(V-V_1) \times \dfrac{273}{T} + V_1 \times \alpha}{P_0} \ \mu L/mm\ 液柱$$

式中:V_1,反应瓶中液体体积(μL),在本实验中是 2.5 mL×1000 = 2500 μL;V,反应瓶体积(μL)需用实验确定;T,反应温度,为(273+37)K;α,CO_2 在 1 大气压及反应温度(37 ℃)下,在液体中的溶解度,这里是 0.567 μL/μL;P_0,标准大气压,即 760 mmHg。由于测压液密度为 1.033,所以

$$P_0 = \frac{13.6 \times 760}{1.033} = 10\,000 \ mm\ 液柱$$

上式中只有 V 需要测定,其他都是常数。

(2) 反应瓶体积 V 的测定

① 将测压管及反应瓶洗净,在 60 ℃下烘干备用。

② 汞的洗净:将汞放出分液漏斗内,加 3‰硝酸溶液,充分振荡,反复洗涤数次。再用蒸馏水洗至无酸性。然后用锥形滤纸过滤,在尖端用针刺一小孔,汞通过滤纸后,不洁物及水留在滤纸上,即得清洁的汞。

③ 取干燥、清洁的贮汞瓶(或漏斗)下接橡皮管,管上夹紧螺旋夹子,将贮汞瓶放在铁架上,向瓶中加入清洁的汞,将橡皮管下端的测压管的右管相通,将测压管倒置,并倾斜一个角度,用自由夹固定在铁架上。先将贮汞瓶放低,转动三通玻璃塞,使之与测压管相通,使汞缓缓流入右侧管和支管内,再调节贮汞瓶高度和测压管的倾斜角度,使右侧管内汞的液面恰好在 150 mm 处,支管上汞的位置应在离瓶塞 3～4 cm 处,用特种铅笔在液面处做一记号,然后旋转三通玻璃塞 45°关闭测压管,放低贮汞瓶,再旋转三通玻璃塞 45°,使塞子的侧孔与外界相通,放松螺旋夹,使汞回到贮汞瓶中,旋紧螺旋夹,然后将测压计右侧管三通玻璃塞以上开口端的汞倾入贮汞瓶中,最后将测压管内的汞全部倾入已称质量的清洁干燥的烧杯中,称重至两位小数(W_1)。

④ 将汞注入反应瓶中,用干的玻璃棒赶走瓶内气泡,插上侧室上玻璃塞,使汞充满主室和侧室。(如侧室内有空气时,应把侧室上的玻璃塞旋通大气,以赶走空气,然后关闭通气孔)使反应瓶与测压管相连,用滴定增减瓶内汞的量,使支管中汞的液面等于支管上的记号处,取下测压计,将反应瓶中的汞全部倾入已知质量的清洁的小烧杯中,称重(W_2)。

⑤ 最后根据测试时室温下汞的密度,计算出反应瓶的体积 V。计算举例:

测压管内汞重(W_1) = 4.32 g

反应瓶内汞重(W_2) = 205.42 g

汞总重:$W = W_1 + W_2 = 209.74$ g

20 ℃时汞密度:$\Phi = 13.5462$ g/mL

所以
$$V = \frac{W}{\Phi} = \frac{209.74}{13.5462} = 15.48 \text{ mL}$$

以上操作应在通风橱内进行,因汞蒸气有毒。在操作时应衬以大瓷碗,勿使汞滴流失。如有流失应用滴管收集,如系小液滴可用湿毛笔蘸取,至于无法收集的汞滴,应撒硫磺粉。

2. L-谷氨酸的脱羧反应和含量测定

(1)将 2 套测压管与反应瓶洗净并在 60 ℃下烘干,冷却后于每一个磨口塞子上涂上羊毛脂。

(2)取 2 套测压管,固定在铁架上,放松螺旋压板,用注射器在橡皮管壁上加入检压计液至管壁刻度 50 mL 处,旋动螺旋检查液柱是否会升降,液柱是否足够,有无沉淀或气泡等。

(3)取反应瓶 1 只(注意反应瓶与测压瓶应配套),向其中加入被测 L-谷氨酸溶液 1 mL,0.5 mol/L 乙酸-乙酸钠缓冲液 1.3 mL(事先勿加到中央小杯中),在侧室中加入 2% 大肠杆菌谷氨酸脱羧酶液 0.2 mL,注意勿使流入主室中。侧室口上用玻璃塞塞好,通气孔应关闭。将反应瓶与测压计相连,并在玻璃钩上装上橡皮筋。

(4)另取 1 只反应瓶,向其中加入蒸馏水 2.5 mL,塞上侧室口的玻璃塞,并与相应的测压管相连,这套装置作为空白对照。

(5)插上瓦勃氏呼吸仪电源,水箱中加水后打开电源开关,调节温度旋钮使水温保持 37 ℃。

(6)检查测压装置有无漏气,其方法是打开三通玻璃塞,旋动螺旋压板使液柱升至 250 mm 或更高,关闭活塞,旋动螺旋压板,使左侧下降至 150 mm 左右,做成压差,读数后,静待片刻,看液柱读数有无变化,如右侧液柱下降,即表示漏气,应予检查排除,如无漏气,即可进行下步操作。

(7)转动测压管上的三通玻璃塞,使之与大气相通,放到呼吸仪上振荡 5 min 后,旋动螺旋压板使液柱上升至 210 mm 处,关闭三通玻璃塞使之与大气隔绝,旋动螺旋压板使右侧管液柱降至 150 mm"参比点"处,再振荡 10 min,观察液柱有无变化,如有变动,应准确调整至 150 mm 处。使稳定后记下左侧液柱高度,即为"初读数"。2 套测压管都需调整并记录液柱高度。

(8)用左手食指堵塞住盛有样品的测压计左侧管出口,取出测压装置,将侧室中的酶溶液倾入主室中,摇匀,注意勿使液体堵塞住气体出口处,立即放回水槽中,并放开左手食指。

（9）振荡 15 min 后,调整右侧液柱为 150 mm 处,继续再振荡数分钟,直至液面不再变动时记下左侧管液柱高度,即为终读数。

（10）将空白对照管调整到右侧管为 150 mm 处,记下左侧液柱高度,即为对照瓶的终读数。

（11）打开 2 套测压管的三通玻璃塞,使与大气相通,取出测压装置,关闭仪器各个开关,用棉花蘸乙醚擦去接口处的羊毛脂,用水冲洗后,浸泡在清洁液中,然后用自来水冲洗,再用蒸馏水洗,60 ℃ 左右烘干。

（12）计算:

$$谷氨酸含量\% = \frac{[(h2-h1)-(h2'-h1')] \times K \times 147\,130 \times 100}{22\,400\,000 \times 1\,000} (g/100\ mL)$$

式中:$(h2-h1)$,样品瓶中测压管上反应前后的压力差(mm 液柱);$(h2'-h1')$,对照瓶上测压管反应前后的压力差(mm 液柱);K,反应瓶常数(μL/mm 液柱);147 130,谷氨酸毫摩尔质量;22 400 000,1 mol 谷氨酸在标准状况下,放出 CO_2 的 μL 数;100,1 mL 换算成 100 mL;1 000,mg 换算成 g。

五、思考题

1. 瓦勃氏呼吸仪的测定原理是什么? 为何可以用瓦勃氏呼吸仪来研究发酵作用?

2. 实验过程中为减少误差需要注意哪些操作?

实验三十七　设计正交实验比较几种因素对酵母发酵作用的影响

一、实验目的

1. 了解影响到酵母发酵作用的因素;

2. 初步掌握正交法在实验方案设计中的应用;

3. 了解发酵过程中的磷酸化反应,掌握定磷法的原理和操作技术。

二、实验原理

酵母能利用蔗糖和葡萄糖作为底物进行酒精发酵,发酵过程是葡萄糖经糖酵解途径转化成丙酮酸,后者在无氧条件下经丙酮酸脱羧酶的作用生成乙醛,放出二氧化碳,乙醛再经乙醇脱氢酶还原生成乙醇。

在发酵过程中,葡萄糖的分解需首先经过磷酸化,生成己糖磷酸酯、丙糖磷酸酯及其他磷酸酯等中间产物。葡萄糖的磷酸化反应,可由反应混合物中无机磷的消失来观察。无机磷与钼酸铵结合,生成黄色的磷钼酸铵,再经过还原剂作用,则变为蓝色物质,在一定范围内蓝色的深浅与磷含量成正比,可用比色法测定发酵前后反应混合物中无机磷的含量,用以观察发酵过程中无机磷的消耗。而无机磷的消耗可以作为发酵作用强弱的直接判断指标。

发酵作用受到多种因素的影响,如菌种的生物活性、酶浓度、底物浓度、温度、pH 和菌种生长环境的空气成分等。对于这种多因素的实验,借助于正交表合理地设计实验,就能通过比较少的实验次数达到好的实验效果。本实验运用正交法测定葡萄糖用量、酵母用量、温度和磷酸盐用量这 4 个因素对发酵作用的影响,并求得发酵效果最好的实验条件。

三、试剂和器材

（一）试剂

1. 新鲜年幼啤酒酵母:新鲜酵母含有不少无机磷(来自培养基),必须洗涤除去,将新鲜酵母悬浮于无菌蒸馏水中,用蒸馏水洗涤酵母 4~5 次,每次洗涤后离心,弃去上清液。

2. 磷酸盐溶液:称取磷酸氢二钠($Na_2HPO_4 \cdot 2H_2O$)60 g 和磷酸二氢钾(KH_2PO_4)20 g,溶于蒸馏水中,定容至 1 000 mL,冰箱中贮存备用。

3. 定磷试剂:见实验三十二。

4. 葡萄糖。

5. 5%三氯乙酸溶液。

（二）器材

1. 恒温水浴锅   2. 台式离心机
3. 分光光度计   4. 试管
5. 移液管   6. 小漏斗
7. 锥形瓶   8. 研钵

四、实验设计

本实验考察 4 个因素,即葡萄糖用量、酵母用量、温度和磷酸盐溶液用量对酵母发酵作用的影响,每个因素选取 3 个不同水平进行实验,如表 5.6 所示。

表 5.6　酵母发酵正交实验的因素和水平设置

因素 水平	1 葡萄糖质量/g	2 酵母质量/g	3 温度/℃	4 磷酸盐溶液体积/mL	补水体积/mL
1	4	6	37	2.5	7.5
2	3	4	50	7.5	2.5
3	1	1	室温	1.0	9.0

对于 4 因素 3 水平的实验安排,可以采用 $L_9(3^4)$ 实验安排表,总共安排 9 次实验,每次实验采用的条件如表 5.7 所示。

表 5.7　酵母发酵正交实验安排表

因素水平　实验号	实验安排					实验结果	
	1	2	3	4		磷的含量/%	综合评分
	葡萄糖质量/g	酵母质量/g	温度/℃	磷酸盐溶液体积/mL	补水体积/mL		
1	4	6	室温	7.5	2.5		
2	3	6	37	2.5	7.5		
3	1	6	50	1.0	9.0		
4	4	4	50	2.5	7.5		
5	3	4	室温	1.0	9.0		
6	1	4	37	7.5	2.5		
7	4	1	37	1.0	9.0		
8	3	1	50	7.5	2.5		
9	1	1	室温	2.5	7.5		
Ⅰ=水平1评分之和 Ⅱ=水平2评分之和 Ⅲ=水平3评分之和 Ⅳ=ⅠⅡⅢ中最大 减去最小 效应 D=Ⅳ/3						综合评分效应	Ⅰ+Ⅱ+Ⅲ=？

五、实验步骤

1. 啤酒酵母的制备

取种子罐啤酒酵母第 3 代,该菌种生物活性高,发酵效果好,用蒸馏水洗涤酵母 4~5 次除去附带的无机磷。

2. 不同因素和水平下的发酵实验

按正交表所列数据分别称取酵母和葡萄糖,加水研磨均匀,移入锥形瓶内,用移液管准确量取磷酸盐溶液到锥形瓶内。摇匀后,立即用移液管吸取 1 mL 均匀的悬浮液,加入盛有 3 mL 5% 三氯乙酸的试管中,摇匀,即为试样 1。

将锥形瓶放入恒温水浴锅中保温发酵。每隔 30 min 取出 1 mL 悬浮液,共取 3 次,取出后立即加入盛有 3 mL 5% 三氯乙酸的试管中,摇匀,分别为试样 2,3,4。在吸取悬浮液以前,应将锥形瓶中的混合物尽可能摇匀,努力做到均匀取样。将 4 个试管的样品分别过滤得到无蛋白滤液。

3. 无机磷的测定

取 10 支干燥的试管,编号,第 1 至 4 号试管分别加入 0.04 mL 的试样 1,2,3,4 号无蛋白滤液,5 号为空白,每个样品平行做 2 份。再向每支试管中加入定磷试剂 3 mL 和蒸馏水,使总体积为 6 mL,混匀。放入 45 ℃ 恒温水浴保温 20 min,冷却后,在波长 660 nm 处测定吸光度 A。本实验无需求出无机磷的绝对量,故不做标准曲线。A 值下降表示无机磷被消耗,下降越快说明发酵作用越强。以未发酵时(试样 1)的无机磷总含量为 100%,计算发酵 30、60、90 min 后消耗无机磷的相对百分数。

　　4. 数据处理及分析

　　实验做好后,把 9 个数据填入表中实验结果栏内,按表中数据分别计算水平1、水平2 和水平 3 实验结果总和,最后算出标准差。从标准差的大小可以看出哪个因素对酵母发酵作用影响最大,哪个因素影响最小。找出酵母发酵作用最强的条件。

　　六、思考题

　　1. 在什么情况下采用正交法? 采用正交法与一般方法相比有什么优点?

　　2. 影响酵母发酵作用的因素主要有哪些?

　　3. 除了采用检测无机磷消耗的方法之外,还能通过哪些方法判断酵母发酵作用的强弱?

第六篇

综合性、设计性和研究型实验

实验三十八　酵母蔗糖酶粗提取、纯化及其酶性质研究

一、实验目的

1. 以相对较为成熟的从酵母中提取蔗糖酶的任务为例,学习酶蛋白分离提纯的原理;

2. 掌握细胞破碎、有机溶剂沉淀和离子交换层析等分离纯化常用方法的原理及操作;

3. 掌握用 SDS—PAGE 测定蛋白质纯度及相对分子质量的原理和方法;

4. 学习蔗糖酶活力的测定方法,蛋白质浓度分析方法,酶的比活力测定及其计算方法;

5. 学会以纯化倍数和回收率综合评价各纯化步骤的效果;

6. 学习掌握酶促反应动力学分析方法,选择确定蔗糖酶反应的最适条件。

二、实验原理

蔗糖酶是一种水解酶,它能使蔗糖水解为葡萄糖和果糖。本实验选用蔗糖酶含量丰富的酵母为材料提取该酶,并对酶性质进行研究,实验的流程见图 6.1。

活性干酵母 $\longrightarrow$ 氨解法提取,离心 $\longrightarrow$ 粗酶 E_1 $\longrightarrow$ 乙醇分级沉淀 $\longrightarrow$ 粗酶 E_2 $\longrightarrow$ 缓冲液交换 $\longrightarrow$ 离子交换层析,pH 阶段洗脱 $\longrightarrow$ 蔗糖酶 E_3 $\longrightarrow$ 酶活力测定,蛋白质浓度分析 $\longrightarrow$ 各步骤比活力和回收率分析 $\longrightarrow$ SDS—PAGE 进行纯度分析,相对分子质量测定 $\longrightarrow$ 酶性质研究

图 6.1　蔗糖酶实验流程图

从酵母细胞提取纯化蔗糖酶时,首先需设计合理的提取方法将酵母细胞破碎,使蔗糖酶释放出来得到粗酶液,这是酶分离纯化工作的第一步。破碎细胞的方法很多,常用的有机械法、物理法、化学法和酶法等,不同的细胞破碎方法对不同类型的细胞和目标分子的提取效果不尽相同。本实验采用氨解法对活性干酵母进行破碎提取蔗糖酶,其原理是通过加入甲苯并保温搅拌让酵母自身酶系发挥作用,使菌体自溶破碎。在加入甲苯的同时,加入了一定量的氨水为酵母的自溶提供适宜的 pH 条件,便于蔗糖酶的有效抽提。

通过酵母细胞自溶破碎而抽提出来的粗酶还含有大量杂质,通过粗分级可以有效地除去大量的杂质并使酶蛋白得到浓缩。在粗分级阶段常用的技术包括膜分离技术、沉淀技术等,它们的特点是样品处理量大,操作较为简单,能浓缩酶液,但是分辨率相对较低。本实验采用有机溶剂(乙醇)分级沉淀法,利用有机溶剂对蛋白质分子的脱水作用,或者说是破坏了蛋白质分子的水化膜,使蛋白质分子易凝集沉淀,从而与部分杂质分开。

乙醇分级后的蔗糖酶仍含有许多杂质,需进一步纯化,此时可采用层析技术,本实验中采用离子交换层析。在进行层析前样品需进行缓冲液交换,其目的是既除去粗酶样品中的小分子杂质如盐类、有机溶剂,又使样品与层析的起始缓冲液在 pH和离子强度等方面完全一致,从而有利于层析分离。本实验采用 Sephadex G-25凝胶过滤来进行缓冲液交换,在该型号凝胶中,蛋白质大分子 $K_d=0$,完全不进入凝胶颗粒内;而小分子 $K_d=1$,能完全进入凝胶颗粒内,因此蛋白质分子在外水体积 V_o 时就被洗脱收集。

离子交换层析是以离子交换剂作为固定相的层析分离。在一定条件下,根据溶质分子带电荷的性质或数量不同,与离子交换剂的结合强弱不同,在固定相和流动相之间发生可逆交换作用而达到分离目的。酵母蔗糖酶的等电点在 pH 4 左右,在起始缓冲液 pH 5.8 条件下,酶蛋白带负电荷而被阴离子交换剂结合,而后通过改变洗脱缓冲液 pH 到 3.5,使蔗糖酶带正电荷,不再能结合在阴离子交换剂上而随洗脱液流出。一些等电点与蔗糖酶不同的杂蛋白,则在此过程中被分离除去。本实验选用 DEAE 52 离子交换纤维素来分离纯化酵母蔗糖酶。

在酶的分离提取过程中,酶活性的回收率和比活力的增加程度是评估方法优劣的主要指标。因此,在每一步分离提取操作中,有必要对样品的酶活力和蛋白质浓度进行定量分析,并计算出相应的比活力和回收率。本实验采用 3,5-二硝基水杨酸(DNS)试剂法测定蔗糖酶活力,利用蔗糖酶在一定条件下,分解无还原性的蔗糖成具还原性的葡萄糖和果糖,还原糖的量可通过 DNS 法测定,从而计算出酶活力的大小。采用 Folin-酚试剂法测定酶液中的蛋白质浓度。在此基础上分析各步骤的比活力和回收率情况。

SDS-聚丙烯酰胺凝胶电泳(SDS-PAGE)是一种能够快速对蛋白质进行纯度分析、相对分子质量测定和浓度分析的方法,因而得到广泛的应用。本实验利用该方法比较几个阶段所得酶液中蔗糖酶的纯度变化,并对蔗糖酶的相对分子质量进行测定。

最后利用离子交换层析后得到的较纯的蔗糖酶进行酶性质实验,研究温度、pH对酶促反应的影响。

三、试剂和器材

(一)试剂

1. 氨解法提取

(1)甲苯;

（2）0.5 mol/L 氨水；

（3）4 mol/L 乙酸；

（4）活性干酵母。

2. 乙醇分级沉淀

（1）无水乙醇；

（2）4 mol/L 乙酸；

（3）起始缓冲液：0.05 mol/L 乙酸－乙酸钠缓冲液（pH 5.8）。

3. 缓冲液交换

（1）Sephadex G-25 凝胶；

（2）起始缓冲液：0.05 mol/L 乙酸－乙酸钠缓冲液（pH 5.8）。

4. 离子交换层析

（1）DEAE 52 离子交换纤维素；

（2）起始缓冲液：0.05 mol/L 乙酸－乙酸钠缓冲液（pH 5.8）；

（3）洗脱缓冲液：0.05 mol/L 乙酸－乙酸钠缓冲液（pH 3.5）；

（4）4 mol/L 乙酸溶液；

（5）1 mol/L NaCl 溶液；

（6）1 mol/L NaOH 溶液。

5. 酶活力和蛋白质浓度测定

（1）标准葡萄糖溶液（1 mg/mL）：见实验十六；

（2）DNS 试剂：见实验一；

（3）5％蔗糖溶液：称取 5 g 蔗糖，用 0.05 mol/L 乙酸－乙酸钠缓冲液（pH 4.5）溶解，定容至 100 mL；

（4）1 mol/L NaOH 溶液；

（5）标准蛋白质溶液（500 μg/mL）：称取牛血清白蛋白 25 mg，用 0.9％NaCl溶解并定容至 50 mL，配制成 500 μg/mL 的标准蛋白质溶液；

（6）Folin－酚试剂甲液：见实验四Ⅱ；

（7）Folin－酚试剂乙液：见实验四Ⅱ。

6. SDS－PAGE

所用试剂同实验二十八。

7. 蔗糖酶性质研究

（1）0.05 mol/L 乙酸－乙酸钠缓冲液：分别配制成 pH 3.5，pH 4.0，pH 4.5，pH 5.0，pH 5.5 和 pH 6.0 的缓冲液；

（2）5％蔗糖溶液：分别用 pH 3.5，pH 4.0，pH 4.5，pH 5.0，pH 5.5 和 pH 6.0的乙酸－乙酸钠缓冲液配制；

其余试剂同酶活力测定部分。

（二）器材

1. 电子天平　　　　2. 磁力搅拌器

3. 冷冻高速离心机　　4. 紫外检测仪

5. 恒流泵　　　　　　　　　　6. 层析柱(26 mm×300 mm 和 26 mm×200 mm)

7. 自动部分收集器　　　　　　8. 数据采集器

9. 电脑　　　　　　　　　　　10. 恒温水浴锅

11. 分光光度计　　　　　　　　12. 秒表

13. 电炉　　　　　　　　　　　14. 电泳仪

15. 垂直平板电泳槽　　　　　　16. 台式离心机

17. 移液器　　　　　　　　　　18. 微量注射器

19. 凝胶成像仪　　　　　　　　20. 铁架台和自由夹

21. 分液漏斗　　　　　　　　　22. 25 mL 具塞比色管

23. 移液管　　　　　　　　　　24. 培养皿(Φ150 mm)

25. 烧杯　　　　　　　　　　　26. 量筒

27. 玻璃棒　　　　　　　　　　28. 胶头滴管

29. 试管

四、实验步骤

1. 氨解法提取活性干酵母蔗糖酶

称取 40 g 活性干酵母粉于 250 mL 烧杯,加入 0.5 mol/L 氨水 120 mL 与之混合,再加入 10 mL 甲苯混合均匀,室温下于磁力搅拌器上搅拌 16～20 h,加入 200 mL 蒸馏水,用 4 mol/L 乙酸调至 pH 5.8。于 4 ℃,4 000 r/min 离心 15 min,弃去浮于表面的脂肪层及沉淀,所得上清液即为粗酶 E_1。量取粗酶 E_1 体积并记录。留取 10 mL E_1 用于测定酶活力、蛋白质浓度及电泳分析,剩余的粗酶 E_1 进行下一步纯化。

2. 蔗糖酶的有机溶剂沉淀

粗酶 E_1 用 4 mol/L 乙酸调至 pH 4.5。先用 32% 乙醇沉淀除去杂质。量取此步粗酶 E_1 样品体积 V,根据公式

$$\frac{X_1}{V+X_1}=0.32$$

计算出使乙醇浓度达 32% 所需无水乙醇体积 X_1,将粗酶 E_1 置于烧杯中 4 ℃ 预冷,然后放在磁力搅拌器上,在一定的搅拌下由分液漏斗缓慢滴加经 −20 ℃ 预冷的无水乙醇,滴加时酶液逐渐变混浊。滴加完毕,于 4 ℃,4 000 r/min 离心 10 min,上清液倒入另一烧杯中待用,弃去沉淀。然后用 47.5% 乙醇使蔗糖酶沉淀。根据公式

$$\frac{X_2}{V+X_2}=0.475$$

计算出使乙醇浓度达 47.5% 所需无水乙醇体积 X_2,再按 X_2-X_1 算出需补加无水乙醇的体积。按上述方法补加无水乙醇,使混合液中乙醇终浓度达 47.5%,于 4 ℃,4 000 r/min 离心 10 min,弃去上清液得少量沉淀,用 10 mL 起始缓冲液溶解,于

4 ℃,10 000 r/min 离心 10 min 除去不溶物，上清液即为初分级纯化后的蔗糖酶 E_2。量取蔗糖酶 E_2 的体积并记录。留取 8～10 mL E_2 用于测定酶活力、蛋白质浓度及电泳分析。剩余的 E_2 进行下一步纯化。

3. 蛋白质溶液的缓冲液交换

根据层析柱体积确定凝胶的用量，称取 Sephardex G-25 干粉，加过量蒸馏水沸水浴中溶胀 3 h。溶胀过程中注意不要过分搅拌，以防颗粒破碎，待溶胀平衡后用倾泻法除去不易沉下的细小颗粒。

将一根 26 cm×300 mm 层析柱垂直固定，连接好底部流出导管，加入起始缓冲液排除层析柱底部的空气，关闭出口。将凝胶上面过多的溶液倾出，调节凝胶稠度在 70% 左右，沿玻璃棒向层析柱中加入凝胶，使其自然沉降形成柱床，沉降后的凝胶床面应距离层析柱的顶端约 5 cm 左右。检查填充好的层析柱是否无气泡、无纹路。

将恒流泵与层析柱上口管路相连，层析柱下口管路连接已通电预热的紫外检测仪，检测波长为 280 nm。开启恒流泵，用 2～3 倍柱体积的起始缓冲液平衡凝胶柱。平衡结束后，关闭恒流泵，将层析柱顶盖打开，排干凝胶床上方的缓冲液，用滴管将上步所得蔗糖酶 E_2 沿柱内壁缓缓加入，待其自然下降近床面时，用少量缓冲液润洗床面四周并使其渗入床面，再用滴管加缓冲液到接近柱顶位置，把顶盖拧紧。开启恒流泵，用起始缓冲液进行洗脱，流速控制在 2 mL/min。当紫外检测仪检测到出峰时开始用小烧杯收集洗脱液，直至出峰基本完成。若洗脱曲线拖尾严重，则拖尾部分不必收集。继续用 1 倍柱体积的起始缓冲液清洗凝胶柱。

4. 离子交换层析纯化蔗糖酶

称取 DEAE 52 离子交换纤维素 50 g 于烧杯中，用蒸馏水浸泡 30 min，倾去上清液留下沉积部分，用 4 mol/L 乙酸调 pH 5.8，而后浸泡在起始缓冲液中。

将一根 26 cm×200 mm 层析柱垂直固定，把处理好的有一定稠度的 DEAE 52 离子交换纤维素沿玻璃棒倒入层析柱中，打开层析柱下口管路，让其自然沉降，使纤维素床面离层析柱上口约 2～3 cm，补充起始平衡缓冲液至近柱顶，然后把顶盖拧紧。

将恒流泵与离子交换层析柱上口管路相连，层析柱下口管路连接已通电预热的紫外检测仪，检测波长为 280 nm。开启恒流泵，用 2～5 倍柱体积的起始缓冲液平衡层析柱，流速为 2 mL/min，调节紫外检测仪的量程，并调节到吸光度零点位置。平衡过程中调整并观察基线位置是否合适，基线是否平稳。

平衡结束后关闭恒流泵，打开顶盖，当柱内液面下降至纤维素床面时，用滴管把经缓冲液交换的酶液沿内壁缓慢加到床面，待其自然下降近床面时，用少量缓冲液润洗床面四周并使其渗入床面，然后加入起始缓冲液近柱顶位置，把顶盖拧紧。启动恒流泵，流速 2 mL/min，用起始缓冲液洗去未吸附组分，完成蔗糖酶的吸附。注意观察层析曲线中未吸附的杂蛋白出峰情况，当杂蛋白出峰终止，基线走平时，换用洗脱缓冲液对吸附样品进行洗脱，流速 2 mL/min，并用自动部分收集器进行收集，每个分部收集 8 mL 左右。当经过一段时间洗脱，不再有峰出现则停止收集。确定洗脱曲线中各个峰位所对应的分部,做好标记,以待测定。量取各出峰分部体积,测出其中有酶活力的分部,即为经初步纯化的蔗糖酶 E_3。

以 2 mL/min 的流速,用 1～2 个柱体积的 1 mol/L NaCl 溶液洗涤 DEAE 52 离子交换纤维素层析柱,然后用起始缓冲液重新平衡后,层析柱可再次使用。多次使用后的 DEAE 52 离子交换纤维素需进行更为有效地洗涤,将 DEAE 52 离子交换纤维素从层析柱中转移至烧杯,用含 0.5 mol/L NaCl 的 0.5 mol/L NaOH 溶液浸泡 30 min,采用抽滤法用蒸馏水洗至中性,用 4 mol/L 乙酸调 pH 5.8 后可再次使用。若要长期保存,用蒸馏水洗至中性后,存放于 0.02% 的 NaN_3 溶液或 20% 乙醇溶液中,以防微生物的侵蚀。

5. 蔗糖酶各级分比活力的测定

为了评价以上蔗糖酶的纯化步骤和方法,必须测定各级分酶活力和蛋白质含量,从而计算比活力。

蔗糖酶活力的测定采用 DNS 法,葡萄糖标准曲线的绘制见实验十六中的实验步骤 1,酶活力测定操作见实验步骤 2,测定前需要根据酶活力的情况,将所得 E_1、E_2、E_3 适当稀释成不同的倍数。若测得吸光度数值不在线性范围内,则需调整稀释倍数后重新进行测定。

蛋白质浓度测定采用 Folin-酚试剂法,操作见实验四Ⅱ,测定前也需要根据蛋白质含量的情况,将所得 E_1、E_2、E_3 适当稀释成不同的倍数。若测得吸光度数值不在线性范围内,则需调整稀释倍数后重新进行测定。

把蔗糖酶提取和纯化过程中记录的样品体积数据和测定所得酶活力、蛋白质浓度有关数据填入表 6.1 中,计算出各步骤纯化倍数和回收率。要注意的是各级分在进行下一步纯化前都留下部分样品用作测定和分析,每取一次样,对下一级分来说会损失一部分量,因而要对下一级分的体积进行校正,使其复原到各级分的实际体积。

表 6.1　蔗糖酶的纯化结果分析

酶液	E_1	E_2	E_3
记录体积/mL			
校正体积/mL			
蛋白质质量浓度/mg·mL^{-1}			
总蛋白质量/mg			
酶活力/U·mL^{-1}			
总酶活/U			
比活力/U·mg^{-1}蛋白			
纯化倍数			
回收率/%			

6. SDS-聚丙烯酰胺凝胶垂直平板电泳

对 E_1、E_2、E_3 样品进行 SDS-PAGE,操作见实验二十八。对电泳结果进行比较,讨论分析纯化情况;同时通过测定标准相对分子质量蛋白质和蔗糖酶的电泳相对迁移率,作图并计算蔗糖酶的相对分子质量。

7. pH 对蔗糖酶活性的影响和最适 pH 的测定

取纯化所得 E_3 样品进行该实验。取 12 支试管编号,6 支为不同 pH 条件下的样品管,6 支为对应的空白管。向 6 支样品管内分别加入 pH 为 3.5、4.0、4.5、5.0、5.5 和 6.0 的 5% 蔗糖溶液 5 mL,将试管置于 25 ℃ 水浴中保温 5 min,然后各加入蔗糖酶溶液 1.0 mL,立即混匀,同时用秒表计时,准确反应 5 min 后,立即各加入 0.1 mol/L NaOH 溶液 5.0 mL 终止酶促反应;6 支空白管内也分别加入 pH 为 3.5、4.0、4.5、5.0、5.5 和 6.0 的 5% 蔗糖溶液 5 mL,然后先各加入 0.1 mol/L NaOH 溶液 5.0 mL,再各加入蔗糖酶溶液 1.0 mL 混匀。其后操作与酶活力测定相同,利用 DNS 显色反应测定不同 pH 的试管中还原糖的产量,绘制酶促反应速率与 pH 的关系曲线,指出蔗糖酶的最适 pH。

8. 温度对蔗糖酶活性的影响和最适温度的测定

取纯化所得 E_3 样品进行该实验。取 12 支试管编号,6 支为不同温度下的样品管,6 支为对应的空白管。分别在 20 ℃、30 ℃、40 ℃、50 ℃、60 ℃ 和 70 ℃ 测定酶活力,操作与上述酶活力测定相同。绘制酶促反应速率与温度的关系曲线,指出蔗糖酶的最适温度。

五、思考题

1. 指出有机溶剂分级沉淀法的原理及操作中的注意事项。
2. 比较离子交换层析中线性梯度洗脱与阶段洗脱的区别。
3. 另行设计一套方案,通过预处理、粗分级和细分级几个阶段分离纯化酵母蔗糖酶。有条件时分组进行实验,各组采用不同的分离纯化方案,比较纯化效果。

实验三十九 固定化酵母细胞水解蔗糖

一、实验目的

1. 了解酶与细胞固定化的方法并掌握 1 种酵母细胞固定化技术;
2. 利用固定化细胞实现对底物的转化。

二、实验原理

固定化酶或固定化细胞是利用物理或化学方法将水溶性的酶或细胞与水不溶性支持物相结合,制备得到既不溶于水,又能保持酶或微生物活性的产物。酶或微生物在固相状态下机械强度增加,稳定性提高,可回收反复使用,并在贮存较长时间后依然能够保持活性,因此在催化反应中具有许多水溶性酶所不具备的优点。常用的固定化方法主要有物理吸附法、载体偶联法、交联法和包埋法等。

与固定化酶相比,微生物细胞固定化技术可避免复杂的酶提取和纯化过程,降低了成本,同时也解决了酶的不稳定性等问题。微生物细胞固定化常用的载体包括多糖类，如：纤维素、琼脂、葡萄糖凝胶、海藻酸钙和 DEAE-纤维素等；蛋白质，如：骨胶原、明胶等；无机载体，如：氧化铝、活性碳、陶瓷、磁铁和二氧化硅等。

本实验利用海藻酸钙固定化酵母细胞，并将固定化的细胞填充在层析柱中制成反应器，催化蔗糖溶液水解生成葡萄糖和果糖，利用 DNS 法测定产生的还原糖的量，计算固定化细胞的催化速率。

三、试剂和器材

（一）试剂

1. 海藻酸钠。

2. 活性干酵母。

3. 0.05 mol/L 磷酸缓冲液（pH 7.0）。

4. 0.05 mol/L 乙酸-乙酸钠缓冲液（pH 4.5）。

5. 10%蔗糖溶液：用乙酸-乙酸钠缓冲液配制。

6. DNS 试剂：见实验一。

7. 4%氯化钙溶液。

8. 标准葡萄糖溶液（1 mg/mL）：见实验十六。

（二）器材

1. 分光光度计	2. 电炉
3. 恒流泵	4. 层析柱（16 mm×200 mm）
5. 25 mL 具塞比色管	6. 试管
7. 漏斗	8. 弹簧夹
9. 烧杯	10. 量筒
11. 乳胶管	

四、实验步骤

称取活性干酵母 3 g，倒入 30 mL 的 0.05 mol/L 磷酸缓冲液（pH 7.0）混匀成悬液，放置 30 min 使酵母活化。称取海藻酸钠 2 g 于 100 mL 蒸馏水中，微火加热溶解后冷却到 30 ℃ 左右，酵母悬液加入混匀。倒入下端连有乳胶管并用弹簧夹夹住的漏斗中，缓缓打开弹簧夹让混合液慢慢滴入 4%氯化钙溶液中，制成直径为 2～3 mm 的球形固定化酵母。

将此固定化酵母装入层析柱中，层析柱的下端与恒流泵相连，量取 10%蔗糖溶液 50 mL 于烧杯中，开启恒流泵，以 0.5 mL/min 的流速使蔗糖溶液自下而上流经层析柱，使从上口流出的糖液回流至烧杯中。如此回流水解 1 h 后关闭恒流泵，使层析柱内液体流入烧杯中，该液体即为蔗糖水解液。

水解产物的测定采用 DNS 法，葡萄糖标准曲线的绘制见实验十六中的实验步骤 1，在相同条件下取水解液与 DNS 试剂显色后根据吸光度从标准曲线求得还原糖的产量，计算固定化酵母细胞转化蔗糖为葡萄糖和果糖的速率（mg/h·g^{-1}酵母）。

五、思考题

1. 实验中海藻酸钠和氯化钙的作用是什么？
2. 分析固定化细胞的操作要点。

实验四十　马铃薯多酚氧化酶制备及性质实验

一、实验目的

1. 学习从马铃薯中制备多酚氧化酶的方法；
2. 掌握多酚氧化酶的作用及各种因素对其活性的影响。

二、实验原理

多酚氧化酶是一种含铜酶，催化酚类物质的氧化反应。例如，邻苯二酚（儿茶酚）是多酚氧化酶的最适底物，在该酶催化下氧化形成邻苯二醌。多酚氧化酶催化的氧化还原反应可通过溶液的颜色变化来鉴定，自然界中果蔬的褐化就是由于该酶作用的结果。间苯二酚和对苯二酚与邻苯二酚的结构相似，它们也可以被该酶催化氧化为各种有色物质。

本实验以马铃薯为原料，通过匀浆和硫酸铵盐析提取得到多酚氧化酶的粗酶液，在此基础上对该酶的催化活性进行研究。

三、试剂和器材

（一）试剂

1. 马铃薯。

2. 0.1 mol/L 氟化钠（NaF）溶液：称取 NaF4.2 g，溶于 1000 mL 蒸馏水中。

3. 0.01 mol/L 邻苯二酚溶液：称取邻苯二酚 1.1 g，溶于 1000 mL 蒸馏水中，用稀 NaOH 调节溶液 pH 为 6.0，防止其自身的氧化作用，贮存于棕色瓶中，若溶液变成褐色应重新配制。

4. 0.01 mol/L 间苯二酚溶液：称取间苯二酚 0.11 g，溶于 100 mL 蒸馏水中。

5. 0.01 mol/L 对苯二酚溶液：称取对苯二酚 0.11 g，溶于 100 mL 蒸馏水中。

6. 硫脲。

7. 0.05 mol/L 磷酸盐缓冲液（pH 6.8）。

8. 5％三氯乙酸溶液。

9. 硫酸铵。

10. 0.8％盐酸：19.2 mL 浓盐酸加蒸馏水稀释到 1000 mL。

11. 0.2％和 0.3％乳酸溶液。

12. 0.5％和 0.01％碳酸钠溶液。

（二）器材

1. 匀浆机　　　　　　　　　　　2. 恒温水浴锅

3. 冷冻离心机　　　　　　　　4. 纱布

5. 漏斗　　　　　　　　　　　6. 容量瓶

7. 试管

四、实验步骤

1. 多酚氧化酶的制备

将新鲜马铃薯去皮,称取 150 g 切块后放入匀浆机,加入 0.1 mol/L NaF 溶液 150 mL 匀浆,然后用 4 层纱布过滤。量取 50 mL 滤液,于 4 ℃,4 000 r/min 离心 10 min。向上清液中加入硫酸铵固体粉末 16 g,使之充分溶解,于 4 ℃放置 30 min,然后于 4 ℃,4 000 r/min 离心 15 min,倒掉上清液,沉淀用 15 mL pH 6.8 的磷酸盐缓冲液溶解,即得到多酚氧化酶的粗酶液。

2. 多酚氧化酶的催化作用

取 3 支试管编号,按表 6.2 加入各试剂,观察记录反应现象并分析原因。

表 6.2　多酚氧化酶的催化作用

管号	1	2	3
多酚氧化酶粗酶液体积/mL	1	1	—
邻苯二酚体积/mL	1	—	1
蒸馏水/mL	—	1	1
混匀后 37 ℃保温 10 min,观察各管颜色变化			

3. 变性剂的影响

取 3 支试管编号,按表 6.3 加入各试剂,观察记录反应现象并分析原因。

表 6.3　变性剂对多酚氧化酶的影响

管号	1	2	3
多酚氧化酶粗酶液体积/mL	1	1	1
5％三氯乙酸体积/mL	—	1	—
硫脲	—	—	少许
振荡混匀后分别加入邻苯二酚 1 mL,于 37 ℃保温 10 min,观察各管颜色变化			

4. 底物专一性

取 3 支试管编号,按表 6.4 加入各试剂,观察记录反应现象并分析原因。

表 6.4　多酚氧化酶的底物专一性

管号	1	2	3
多酚氧化酶粗酶液体积/mL	1	1	1
邻苯二酚体积/mL	1	—	—
间苯二酚体积/mL	—	1	—
对苯二酚体积/mL	—	—	1
混匀后 37 ℃保温 10 min,观察各管颜色变化			

5. 底物浓度的影响

取 3 支试管编号,按表 6.5 加入各试剂,观察记录反应现象并分析原因。

表 6.5　底物浓度的影响

管号	1	2	3
多酚氧化酶粗酶液体积/mL	0.5	0.5	0.5
邻苯二酚体积/mL	0.1	1.0	4.0
蒸馏水体积/mL	3.9	3.0	—
迅速混匀后 37 ℃保温 1 min,观察各管颜色变化			

6. 酶浓度的影响

取 3 支试管编号,按表 6.6 加入各试剂,观察记录反应现象并分析原因。

表 6.6　酶浓度的影响

管号	1	2	3
多酚氧化酶粗酶液体积/mL	1.5	0.5	0.1
邻苯二酚体积/mL	1.5	1.5	1.5
蒸馏水体积/mL	—	1.0	1.4
迅速混匀后 37 ℃保温 2 min,观察各管颜色变化			

7. pH 的影响

取 5 支试管编号,按表 6.7 加入各试剂,观察记录反应现象并分析原因。

表 6.7　pH 对多酚氧化酶的影响

管号	1	2	3	4	5
0.8%盐酸体积/mL	4.0	—	—	—	—
0.3%乳酸体积/mL	—	4.0	—	—	—
0.2%乳酸体积/mL	—	—	4.0	—	—
0.01%碳酸钠体积/mL	—	—	—	4.0	—
0.5%碳酸钠体积/mL	—	—	—	—	4.0
邻苯二酚体积/mL	0.7	0.7	0.7	0.7	0.7
多酚氧化酶粗酶液体积/mL	0.7	0.7	0.7	0.7	0.7
混合后 pH	1	3	5	7	9
37 ℃保温 5 min,观察各管颜色变化,确定最适 pH					

五、思考题

1. 在多酚氧化酶制备过程中加入硫酸铵的目的是什么?添加硫酸铵时需注意什么?

2. 三氯乙酸和硫脲对多酚氧化酶有什么作用?

3. 该多酚氧化酶的最适 pH 是多少?为什么?

实验四十一　用不同分离技术提取柠檬酸的工艺比较研究

一、实验目的

1. 了解用钙盐沉淀法制备柠檬酸的工艺路线；
2. 掌握用离子交换法制备柠檬酸的方法。

二、实验原理

柠檬酸分子式为 $C_6H_8O_7$，相对分子质量为 192，是一种重要的有机酸，在食品、医药和化工等众多领域具有广泛的用途。目前柠檬酸主要通过微生物发酵法生产，发酵液中除了柠檬酸产物，还含有大量杂质，必须经过提取纯化步骤才能得到柠檬酸成品。

在柠檬酸的提取工艺中，传统的方法是钙盐沉淀法。该方法利用柠檬酸与碳酸钙形成难溶性的柠檬酸钙从发酵液中沉淀出来，达到与其他可溶性杂质分离的目的。收集柠檬酸钙沉淀，通过与硫酸作用分解放出柠檬酸，形成难溶的硫酸钙沉淀，制得柠檬酸粗品溶液。该粗品溶液中含有色素和钙、镁、铁等金属离子杂质，需采用 122 弱酸性阳离子交换树脂脱色和 732 强酸性阳离子交换树脂去除金属离子，再经浓缩后，利用柠檬酸在水溶液中的溶解度随温度降低而下降的特性，通过降低温度结晶后制得柠檬酸成品。钙盐沉淀法工艺复杂，收率低，废水和废渣多，污染环境，因此近年来研究了多种替代方法如离子交换法、萃取法、吸附法和膜分离法等，并应用到工业生产中。

离子交换法利用的是柠檬酸的带电性质。柠檬酸是三元中强酸，溶液中可解离成 3 价负离子，可与阴离子交换树脂进行交换吸附。本实验采用 D703 弱碱性阴离子交换树脂，先将其处理成氢氧型，在酸性柠檬酸溶液条件下，该树脂将吸附柠檬酸。然后用 5% 氨水洗脱，在碱性条件下弱碱性树脂电离度很小，柠檬酸发生解吸。洗脱后所得的柠檬酸铵再经过 732 离子交换树脂转型成为柠檬酸。最后通过树脂脱色和结晶得到柠檬酸成品。

三、试剂和器材

（一）试剂

1. 柠檬酸发酵液。
2. 122 阳离子交换树脂。
3. 732 阳离子交换树脂。
4. 碳酸钙（$CaCO_3$）。
5. 浓硫酸。
6. 95% 乙醇。

7. 1 mol/L NaOH 溶液。

8. 0.1 mol/L NaOH 溶液。

9. 邻苯二甲酸氢钾。

10. 酚酞指示剂。

11. 精密 pH 试纸。

12. D703 阴离子交换树脂。

13. 浓氨水。

14. 盐酸。

15. 2% 高锰酸钾溶液。

16. 亚铁氰化钾溶液。

（二）器材

1. 层析柱（26 mm×200 mm）   2. 恒流泵

3. 恒温水浴锅   4. 旋转式真空蒸发器

5. 碱式滴定管   6. 电子天平

7. 循环水真空泵   8. 抽滤瓶和布氏漏斗

9. 真空干燥箱   10. 移液管

11. 烧杯   12. 试管

四、实验步骤

（一）钙盐沉淀法提取柠檬酸

1. 发酵液的过滤

取柠檬酸发酵液 2 L，于恒温水浴锅内加热至 80～90 ℃，趁热过滤除去菌体和不溶性杂质。量取滤液体积，并留取少量滤液用于测定柠檬酸含量，测定方法见步骤 5。

2. 钙盐沉淀法制备柠檬酸粗品溶液

（1）$CaCO_3$ 中和沉淀：根据上步测定得到的滤液中柠檬酸含量及滤液体积，按中和 1 g 柠檬酸需 0.714 g $CaCO_3$ 的比例计算出 $CaCO_3$ 加量。将滤液加热至 70 ℃，边搅拌边缓缓加入 $CaCO_3$ 粉末，同时升温使中和终点时温度达到 85 ℃，保温搅拌 30 min。趁热过滤，滤饼用沸水多次洗涤，每次洗涤后取洗涤滤液 20 mL，加入 1 滴 2% 高锰酸钾溶液，若 3 min 后溶液不变色，说明糖分已洗净，可停止洗涤。

（2）浓硫酸酸解：将中和所得沉淀物称重并放入烧杯，加 2 倍质量的水，调匀呈糊状，然后在室温下加浓硫酸酸解。硫酸的加量根据中和步骤中加入 $CaCO_3$ 的量来估算，按 100 g $CaCO_3$ 加 98 g 浓硫酸的比例进行计算，但实际加入量要比计算值少，因为中和时有可溶性钙盐如葡萄糖酸钙生成，并且柠檬酸钙洗涤时会有所损失。因此实际操作中，当加入浓硫酸达到计算量的 80% 时，开始用精密 pH 试纸来判断酸解终点，当 pH 达到 1.8～2.0 时即为酸解终点。加完浓硫酸后于 90 ℃ 水浴保温 30 min 并不断搅拌。然后趁热过滤，收集清亮棕黄色液体，量取体积，并取样测定柠檬酸含量。

3. 离子交换树脂精制柠檬酸

(1) 树脂的预处理：122 和 732 离子交换树脂处理方法相同。取一定量的树脂于烧杯中,清水漂洗除去悬浮杂质,用温水浸泡洗涤至水呈无色透明,装入层析柱(26 mm×200 mm)中。用 3 倍柱体积的 1 mol/L NaOH 清洗层析柱,流速控制在 4 mL/min 左右。然后用蒸馏水清洗层析柱至中性。再用 1 mol/L 盐酸清洗层析柱,并使树脂转为氢型,最后用蒸馏水洗至中性即可使用。

(2) 用 122 离子交换树脂脱色：用恒流泵将酸解后所得柠檬酸溶液流经预处理好的 122 离子交换树脂层析柱脱色,控制流速为 2 mL/min,当洗脱液 pH≤3 时说明有柠檬酸流出,开始收集洗脱液,当流出液出现颜色时说明层析柱对色素的吸附已达到饱和,停止脱色,层析柱清洗和再生后可再次使用。

(3) 用 732 离子交换树脂去除金属离子：用恒流泵将上步脱色后的柠檬酸溶液流经预处理好的 732 离子交换树脂层析柱,流速为 2 mL/min,当洗脱液 pH≤3 时开始收集,离子交换过程中需要经常检查洗脱液中是否含有钙或铁离子。若含有这些离子,说明离子交换剂对离子的吸附已达到饱和,应停止加样,清洗和再生层析柱后再继续层析操作。检测钙离子的方法是：取 2 mL 洗脱液于试管中,加入少量 95％ 乙醇摇匀,如发生混浊,说明洗脱液中含钙离子。检测铁离子的方法是：取 2 mL 洗脱液于试管中,加入 1 滴亚铁氰化钾溶液,若变成蓝色,说明有铁离子流出。离子交换结束后,量取洗脱液的体积并测定柠檬酸含量。

(4) 浓缩和结晶：将离子交换后的洗脱液收集倒入旋转式真空蒸发器的圆底烧瓶中,用循环水真空泵抽真空,控制水浴温度 60 ℃,浓缩至体积为原来体积的 1/10 左右,浓缩液倒入烧杯中。将盛有浓缩液的烧杯立即放入 50 ℃恒温水浴锅内,不断搅拌,并控制水浴温度缓慢下降,并最终降至 10～15 ℃,抽滤后得到柠檬酸湿晶体,真空干燥后对成品称重,并取样测定柠檬酸含量。

(5) 柠檬酸含量测定：测定发酵液、酸解液和离子交换洗脱液中的柠檬酸含量时,均精确吸取一定体积样品溶液,加入适量蒸馏水,再加 2～3 滴 1％酚酞指示剂,以 0.1 mol/L NaOH 标准溶液滴定至粉红色,记下消耗 NaOH 溶液的体积 V_1。样品溶液和蒸馏水的加量比,即柠檬酸溶液的稀释倍数,应当根据样品中柠檬酸的含量进行调整,使 V_1 值适中而减小误差。柠檬酸含量(g/mL)按下式计算：

$$柠檬酸含量(g/mL) = \frac{V_1 \times c_1 \times 210}{V_2 \times 3\,000}$$

式中：V_1,消耗 NaOH 标准溶液体积(mL)；c_1,NaOH 标准溶液浓度(mol/L)；V_2,吸取样品的体积(mL)；210,水合柠檬酸的相对分子质量；3 000,柠檬酸与 NaOH 反应摩尔比及单位转化。

测定成品柠檬酸含量时,精确称取一定质量的柠檬酸成品,加适量蒸馏水溶解后按上法滴定。

$$柠檬酸含量(\%)=\frac{V_1 \times c_1 \times 210}{m \times 3\,000} \times 100\%$$

式中：m，称取的样品质量(g)。其余符号意义同上。

根据测定得到的各步柠檬酸含量及相关体积或质量的数值，计算并填写表 6.8。

表 6.8　钙盐沉淀法提取柠檬酸各步回收率

提取步骤	体积(mL)/质量(g)	含量(g/mL 或%)	柠檬酸总量/g	回收率/%
发酵滤液				100
酸解液				
离子交换洗脱液				
浓缩和结晶				

（二）离子交换法提取柠檬酸

1. 发酵液的过滤

与钙盐沉淀法相同，量取滤液体积，并留取少量滤液用于测定柠檬酸含量。

2. 树脂的预处理

与钙盐沉淀法中操作基本相同，本实验采用 D703 离子交换树脂，732 离子交换树脂和 122 离子交换树脂。需注意的是 D703 离子交换树脂的清洗顺序是先用盐酸，然后用蒸馏水，再用 NaOH，最后用蒸馏水，其酸碱的使用顺序与阳离子交换树脂相反。

3. 吸附和洗脱

将 D703 树脂填充一根 26 mm×200 mm 层析柱并清洗后打开恒流泵通入柠檬酸滤液，流速控制在 2 mL/min 左右。吸附过程中洗脱液的 pH 变化较明显，用 pH 试纸测定洗脱液 pH，当洗脱 pH 下降至 3.5～4.0 时说明有柠檬酸流出，当 pH 达到 2.5～3.0 时树脂吸附已达到饱和，应停止进样。用 100 mL 左右的蒸馏水洗涤层析柱，水洗结束后用 5% 氨水进行洗脱，流速控制在 1 mL/min 左右。洗脱时要经常测定洗脱液的 pH，当 pH 上升至 5～6 时为洗脱高峰，而当 pH 达到 11 时停止洗脱。树脂用蒸馏水洗涤后进行再生处理。量取洗脱液的体积并测定柠檬酸含量。

4. 转型

将 732 树脂填充一根 26 mm×200 mm 层析柱并清洗后打开恒流泵通入上述 D703 洗脱液，流速控制在 1 mL/min 左右。开始阶段洗脱液 pH 较高，弃去。待洗脱液 pH 降至 2.5～3.0 时开始收集。D703 洗脱液进样完毕后，用蒸馏水清洗层析柱，当洗脱液 pH 又回升至 2.5～3.0 时停止收集。量取此步洗脱液的体积并测定柠檬酸含量。

5. 用 122 离子交换树脂脱色

操作与钙盐沉淀法中的该步骤相同,流速控制在 1 mL/min 左右。量取此步洗脱液的体积并测定柠檬酸含量。

6. 浓缩和结晶

与钙盐沉淀法中的该步骤相同。干成品称重,并取样测定柠檬酸含量。

根据测定得到的各步柠檬酸含量及相关体积或质量的数值,计算并填写表 6.9。

表 6.9　离子交换法提取柠檬酸各步回收率

提取步骤	体积(mL)/质量(g)	含量(g/mL 或%)	柠檬酸总量/g	回收率/%
发酵滤液				100
D703 洗脱液				
732 洗脱液				
122 洗脱液				
浓缩和结晶				

五、思考题

1. 分别写出钙盐沉淀法和离子交换法提取柠檬酸的工艺流程简图,标明工艺条件。

2. 简述实验中所用的 122 离子交换树脂、D703 离子交换树脂和 732 离子交换树脂的作用机制。

3. 分析并比较这两种提取柠檬酸工艺的优缺点。

实验四十二　蛋白酶抑制剂的筛选和制备

一、实验目的

1. 学会开展研究时进行方案设计的主要思路;
2. 了解和掌握酶抑制剂高通量筛选的主要方法;
3. 掌握蛋白酶抑制剂分离制备的主要方法和步骤;
4. 了解和掌握对蛋白酶抑制剂的评价方式和评价体系。

二、实验原理

蛋白酶抑制剂广泛存在于生物体中,参与体内许多重要生理过程的调节,主要可通过抑制体内的蛋白酶活性而对代谢起调节控制作用,对一些昆虫和植物而言则往往可作为抵御外来侵入的一种手段。因此,对各种特异的蛋白酶抑制剂的研究,尤其是天然材料中新型蛋白酶抑制剂的研发,在医药、农业、食品添加剂等行业有广泛的应用前景。

按照蛋白酶抑制剂所抑制的蛋白酶种类的不同,它们被划分成丝氨酸族、天冬氨酸族、半胱氨酸族和金属蛋白酶抑制剂 4 类,其中最典型的和发现最多的是丝氨酸族的胰蛋白酶抑制剂,而最有医药价值的则是天冬氨酸族蛋白酶抑制剂,因为 HIV 蛋白酶、胃蛋白酶、组织蛋白酶 D、血管紧张素释放酶、蛋白酶 A 等都属这一族蛋白酶,针对它们的抑制剂有治疗艾滋病、胃溃疡、癌症和高血压等疾病的潜力,而以蛋白酶 A 为靶酶,所得特异性的抑制剂则有作为纯生啤酒泡沫稳定剂的潜力。

筛选蛋白酶抑制剂的原料可以选择天然的植物和微生物,高通量的筛选和提取方法目前较多的是通过制备特异性的亲和层析柱来进行。常规的蛋白肽类抑制剂的提取分离方法主要有盐析、有机溶剂沉淀、超滤、离心、凝胶过滤和离子交换层析等,所得抑制剂的特异性考察可选择几种典型的蛋白酶来考察。

本实验让实验者通过文献查阅的方式,建立从活性干酵母中分离制备蛋白酶 A 的方法,并利用所得的蛋白酶 A 制备成亲和层析介质,用于从马铃薯中分离制备特异性的蛋白酶 A 抑制剂,并对抑制剂的特异性和抑制效率进行评估。

三、试剂和器材

（一）试剂

1. 活性干酵母。

2. 马铃薯。

3. 几种典型蛋白酶:胃蛋白酶、胰蛋白酶、木瓜蛋白酶。

4. Sepharose CL－6B 凝胶。

其他试剂根据查阅的文献设计实验方案后自行确定。

（二）器材

根据查阅的文献设计实验方案后自行确定。

四、实验步骤

1. 活性干酵母中蛋白酶 A 的提取

查阅资料,列出参考文献,确定具体步骤,分离得到酵母蛋白酶 A。

2. 固定化蛋白酶 A 亲和柱的制备

查阅资料,列出参考文献,确定具体步骤,以 Sepharose CL－6B 凝胶作为支持物制备得到固定化蛋白酶 A 的亲和层析介质。

3. 马铃薯中蛋白酶 A 抑制剂的分离制备

查阅资料,列出参考文献,确定具体步骤。马铃薯经过前处理后,在亲和层析前可考虑选择超滤或有机溶剂沉淀等粗分级方法,进一步的分离可考虑采用离子交换层析或疏水作用层析,最后采用反相层析或 SDS－PAGE 鉴定纯度。注意分离方案确定前需首先查阅资料,明确蛋白酶抑制剂活性检测的方法。

4. 分析比对粗蛋白酶抑制剂与纯化后的蛋白酶抑制剂的抑制作用特异性、抑制动力学及半抑制浓度(IC50)值,包括:

（1）选择几种典型的蛋白酶进行抑制特异性的研究,考察分离出来的蛋白酶抑制剂是否为天冬氨酸族蛋白酶抑制剂,考察抑制剂的特异性。

（2）选择抑制剂作用最强的靶蛋白酶分析抑制剂的动力学行为，作图比对分析其动力学特征，明确为何种类型抑制剂。

（3）选择一个合适的靶蛋白酶浓度，变化抑制剂的浓度分析得到抑制率的变化曲线，求出 IC50 值。

通过查阅文献提出实施以上研究的具体实验步骤。

五、思考题

1. 本实验以蛋白酶 A 为标靶筛选得到的蛋白酶抑制剂对不同类型的蛋白酶的特异性如何？为什么？

2. 如何确定所得到的蛋白酶抑制剂的化学结构和性质？

3. 本实验得到的蛋白酶抑制剂纯度如何？怎样对分离制备过程进一步优化？

参 考 文 献

[1] 陈钧辉,陶力,李俊,等.生物化学实验.3版.北京:科学出版社,2003.

[2] 余冰宾.生物化学实验指导.北京:清华大学出版社,2004.

[3] 于自然,黄熙泰,李翠凤.生物化学习题及实验技术.北京:化学工业出版社,2003.

[4] 李建武,萧能,余瑞元,等.生物化学实验原理和方法.北京:北京大学出版社,1994.

[5] 董晓燕.生物化学实验.北京:化学工业出版社,2003.

[6] 刘叶青.生物分离工程实验.北京:高等教育出版社,2007.

[7] 田亚平.生化分离技术.北京:化学工业出版社,2006.

[8] 汪家政,范明.蛋白质技术手册.北京:科学出版社,2000.

[9] 王镜岩,朱圣庚,徐长法.生物化学.3版.北京:高等教育出版社,2002.

[10] Neison D L, Cox M M. Lehninger Principles of Biochemistry. 5th ed. NewYork: W. H. Freeman & Co.,2008.

郑 重 声 明

　　高等教育出版社依法对本书享有专有出版权。任何未经许可的复制、销售行为均违反《中华人民共和国著作权法》,其行为人将承担相应的民事责任和行政责任,构成犯罪的,将被依法追究刑事责任。为了维护市场秩序,保护读者的合法权益,避免读者误用盗版书造成不良后果,我社将配合行政执法部门和司法机关对违法犯罪的单位和个人给予严厉打击。社会各界人士如发现上述侵权行为,希望及时举报,本社将奖励举报有功人员。

反盗版举报电话:(010) 58581897/58581896/58581879

反盗版举报传真:(010) 82086060

E－mail:dd@hep.com.cn

通信地址:北京市西城区德外大街 4 号
　　　　　　高等教育出版社打击盗版办公室

邮　　编:100120

购书请拨打电话:(010)58581118